地域规划理论与实践丛书

网 络 与 共 生

——济南城市空间发展和多中心体系研究

王新文　等著

U0249144

中国建筑工业出版社

图书在版编目（CIP）数据

网络与共生——济南城市空间发展和多中心体系研究／
王新文等著. —北京：中国建筑工业出版社，2014.1
（地域规划理论与实践丛书）
ISBN 978-7-112-16201-7

Ⅰ.①网…　Ⅱ.①王…　Ⅲ.①城市规划-空间规划-
研究-济南市　Ⅳ.①TU984.252.1

中国版本图书馆CIP数据核字（2013）第290236号

责任编辑: 李　鸽
责任校对: 陈晶晶　赵　颖

地域规划理论与实践丛书

网络与共生
——济南城市空间发展和多中心体系研究
王新文　等著
*
中国建筑工业出版社出版、发行（北京西郊百万庄）
各地新华书店、建筑书店经销
北京嘉泰利德公司制版
北京方嘉彩色印刷有限责任公司印刷
*
开本：787×1092毫米　1/16　印张：12　字数：276千字
2014年12月第一版　2014年12月第一次印刷
定价：85.00元
ISBN 978-7-112-16201-7
　　　　（24942）

地域规划

理论与实践

丛书

吴良镛署

审时度势
因势利导
随地制定
意匠惨
造

美良眉
书於北京
二〇〇三年己月廿三

"地域规划理论与实践丛书"编委会

主编：王新文

编委：姜连忠　吕　杰　牛长春　崔延涛　赵　奕　刘晓虹　冯桂珍
　　　　国　芳　赵　虎　朱昕虹　陈　楠　张婷婷　张中堃　王洪梅
　　　　袁兆华　尉　群　杨继霞　马交国　秦　杨　张　蕾　吕东旭
　　　　刘　巍　宋先松　徐　武　曲玉萍　娄淑娟　吕晓田

跋　涉
（代序）

"让人们有尊严地活着"，"诗意地栖居在大地上"，这是规划人的梦想。为了圆梦，规划人跋涉在追求梦想的山路上……

城市让生活更美好。亚里士多德曾说："人们为了生活来到城市，为了生活得更好留在城市。"三十多年前，国人梦想着自己能生活在城市。今天，超过一半的国人生活在城市中。沧海桑田、世事变迁，这是一个"创造城市、书写历史"的伟大时代。

作为一名规划人，期望能在这历史洪流中腾起一朵思辨与行动的浪花，为这个时代和唱。十年弹指一挥间，我们在理想与现实、道德与责任、理论与实践、历史与未来之间，不断思考规划的价值与理想，不断探索规划的真理和规律，不断追求理论与实践的统一。"跋涉"，或许最真切地表达了共同经历着这场变革的规划人的心路历程。

"漫漫三千里，迢迢远行客。"跋涉虽艰，我们却心怀梦想。

理想与现实

有人慨叹，规划人都是理想主义者。诚然，现代城市规划自诞生之日起，就有与生俱来的理想主义基因。霍华德的"田园城市"、欧文的"协和村"、傅里叶的"法郎吉"，都受到其时空想社会主义等改革思潮的影响，充满了"乌托邦"式的理想主义色彩。霍华德说，"将此提升到至今为止所梦寐以求的、更崇高的理想境界"，道破一代又一代规划人的纯真和烂漫、理想与追求。

其实，规划人远不是空有理想和抱负那么简单。如吴良镛先生在《人居环境科学导论》中所说，规划乃"理想主义与现实主义相结合"，规划者应成为沟通理想与现实的桥梁，不仅可以勾勒出理想的山水城之愿景，更要学会寻觅实现蓝图之途径。这注定不是一条坦途，但我们必须清醒回答的首要问题是：为谁规划？如何规划？

要"为民规划"。坚持"唯民、唯真、唯实"的价值取向，倡导"科学、人文、依法"的核心理念，践行"公开、公平、公正"的基本原则……在跋涉中我们感悟：规划人要有自己的价值观和行为准则，解决好"为谁规划"的问题，既是价值取向，也是现实智慧，它能使规划者最终远离碌碌平庸的工匠角色，成为有良知与正义的社会利益沟通者和平衡者。

要"务实规划"。以实践为标准，再好的规划不能实施都是"空中楼阁"，一切从实际出发，既要努力提升规划的科学性，也要致力于增强规划的实施性。规划人应抱有科学务实的现实态度，懂得分辨哪些是要始终追寻的理想，哪些是必须正视的现实。只有规划能落到地上，规划工作才具备为公众谋取更大利益和话语权的现实意义。

道德与责任

有人戏言，规划是"向权力讲述真理"。的确，在一个方方面面都对规划给予厚望的时代，规划者似乎背负了太多的抱负和责任。伴随这种抱负和责任而来的还有多元化的利益的诉求，规划人小心翼翼地蹒跚在利益的平衡木上，这种格局时刻考问着我们的品性和道德。什么该做、什么不该做、该如何做？回答好这样的问题实属不易，解决好这样的问题更是难上加难，既需要坚守道德与责任，也需要胸纳智慧与勇气。

规划人要有底线思维。不能触碰的是刚性，要敢于向压力说"不"，在规划的"大是大非"上如不能坚持原则，最后损害的是公共利益、城市整体利益、社会长远利益。

在跋涉的历程中，难免会遇到各种各样的困难与挫折。没有韧性与执着，自然无法邂逅"柳暗花明"后的豁然。政治、经济、社会、生态等外部环境在不断变化，诸多的问题和矛盾需要解决，不能指望毕其功于一役，规划人须具有"上下而求索"的品质和操守，"功成不必在我"的胸襟和气度。

规划人要有理性思维。理性地看待规划，理性地看待自己和自己所处的环境，不唯书、不唯上、只唯实，对民众、对法律、对城市心存敬畏，有所为有所不为。既要不遗余力地维护公共利益，也要尊重个体合理诉求，同时更不能被个别利益群体所"绑架"。

规划人要有责任担当。责任与道德相伴而生，是一种职责、一种使命、一种义务，规划人与不同岗位、不同群体的人一样肩负着对社会的责任，这种对市民与城市的承诺决定了必须砥砺前行、攻坚克难。在通往规划人的"理想之城"这条曲折与荆棘之路上义无反顾、奋力向前。

理论与实践

或许有人质疑，规划不过是"墙上挂挂"的"一纸空谈"，对规划人也存"重思辨而轻实施"的成见。但今天的现代城市规划工作，早已渐远了"镜里看花"式的理论倾向，摆脱了闪烁着"阶段性智慧创作火花"的艺术家情结。因为，许多看似经典甚至完美的学说不一定能得到现实利益群体的共鸣，也不一定能解决城市发展中的"疑难杂症"。"学院派"的范儿，只会曲高和寡，而在具体事务上又步履维艰。

规划是一门实践性的综合科学。从规划实施理论到行动规划理论，从规划政治性理论到沟通规划理论，从全球城市体系理论到可持续发展视角下的精明增长、新城市主义、紧凑城市理论，无一不是在城市发展进程中反思、实践、再反思、再实践的知行统一，这一辩证的认识与实践过程循环往复，生生不息。

"真正影响城市规划的是最深刻的政治和经济的变革"。不同的社会制度和政治背景、经济模式、发展阶段以及文化差异，必然造成规划工作范畴、地位和职责上的差异，规划需要鼓励地域性的理论实践与创新，不能墨守成规，也不能"照猫画虎"。对于规划而言，"管用"是硬道理，理论的普适性只有和城市地域化的个性和实践相互校验才有意义。

这个时代是变迁的时代、转型的时代、碰撞的时代。在这样的时代，需要把握规律的理论指导责任，需要远见的规划实践。必须认知前沿理论，把握发展方向，把问题导向作为一切规划探索和创新的出发点。为此，结合对一个世纪以来规划理论发展脉络梳理和济南规划实践的探索，我们尝试提出了"复合规划"的理念构想。所有这些并不是奢望在理论探索上标新立异，而是希望以此寻求源自实践的规划理论，并更好地应用于规划实践，藉此解决发展的现实矛盾和问题。

历史与未来

有人怀念，说"城市是靠记忆而存在"。是的，"今天的城市是从昨天过来的，明天的城市是我们的未来"，城市本身就是一个生命体，它不断新陈代谢，不断吐故纳新，不断结构调整，不断空间优化，自身得以保持旺盛持久的生命力。从原始聚落到村镇、从初始城市到多功能复合城市、从独立的城市到复杂的城市群，螺旋上升的过程中城市发展的规律与脉络清晰可循。规划是历史和未来的接力，既不能违背客观规律，也不能超越特定阶段，否则必将劳民伤财，自酿苦果，给城市发展造成不可逆转的损失。

翻阅中国当代城市史，我们也曾机械地沿用苏联模式，但面对市场经济的冲击，却发现"同心圆"、"摊大饼"式的空间扩张模式是如此一厢情愿和不堪重负。当尼格尔·泰勒、简·雅各布斯的著作为我们开启了一扇了解西方规划理论的窗口，中国规划师和规划管理者学习借鉴的目标不再拘囿于社会体制的限制，转向西方探求"洋为中用"的扬弃之道。实践之后，我们更加强烈意识到任何规划理论都要立足国情和地域，这也许意味着中国的城市规划已经开始走向理性与成熟。

这些年，规划从见物不见人到以人为本，从机械单一到综合复杂，从一元主导到多元融合，从关注"计划"的落实和空间布局艺术到关注全面协调可持续发展，我们切身体会到了什么是"人的城市"。山水城市、广义建筑学、人居环境科学等理论先后出现，意义重大、影响深远，具备了发展具有中国特色、地域特征、时代特点的本土规划理论的基础和条件。在此借用吴良镛先生的箴言，"通古今之变，识事理之常，谋创新之道"以共勉。未来的规划工作应立足地域市情，结合城市发展的阶段性特征，把握规律、顺势而为，潜心思考新形势下规划的地位、作用和功能，把重心放在引领发展、解决问题、化解矛盾、增进和谐上，积极探索具有时代特色、地域特色的规划实践之道。

"衣带渐宽终不悔，为伊消得人憔悴。"规划探索永无止境。愿我们十年来的所为、所思、所悟，能够为大家提供一点借鉴。

作者于济南

2013 年 12 月 1 日

前　言

在我国快速城镇化进程中，外延扩张模式一度占据主流。随着土地资源紧张和生态环境压力日益加剧，越来越多的城市开始注重城市内涵发展。济南市于 2003 年确立了"东拓、西进、南控、北跨、中优"的城市空间发展战略，城市发展思路和空间拓展模式实现历史性转折。此后十年间，城市空间布局从"一主三副"向"一城三区"发展跨越，逐渐呈现出带状、多中心、组团式特大城市的空间布局特征。2007 年《济南都市圈规划》、2013 年《山东省会城市群经济圈发展规划》相继出台，济南作为区域核心城市的地位更加凸显。在此背景下，如何实现转型发展，如何提升城市内涵，成为济南未来必须回答的问题。

本书作者从研究城市发展的表征和规律入手，提出未来城市可持续发展的空间途径——"共生机制"和"网络结构"，并阐述了"共生城市"、"网络城市"理论在城市空间层面的应用。同时，基于对自然与人居环境的"和谐与共生"、"城市精明增长"等可持续发展问题的思考，以理性的思维概括出共生网络格局下济南"三主、四次、多元共生"的公共中心网络体系，指出未来城市空间发展的理想途径是"多中心、网络状"空间结构，理想愿景是"山水泉城、和谐共生"。

本书在"问题与命题"中，反思城市病及其成因，提出济南空间发展的目标、愿景。在"理论与理念"中，通过对"共生城市"、"网络城市"等理论，"绿色生态"、"创新智慧"、"紧凑精明"等理念，以及国内外城市实践案例的解读，提出济南城市空间发展及体系优化模式。在"现实与演绎"中，通过对多中心空间布局现状的分析，提出当前空间调整和多中心体系的优化策略，以及未来空间发展演绎和大济南地区的空间构想。在"山水泉城、和谐共生"中，依照"确立中心—构建网络—支撑完善"的逻辑思路，系统探讨了多中心网络体系的构建、运转和共生问题。在"理想与行动"中，分析了共生网络框架下济南老城中心、奥体文博中心等七个一级中心和二级中心的发展重点和方向。

作者基于"共生"、"网络"、"和谐"和"复合规划"等理念，就带状特大城市未来公共中心体系的构建问题进行了系统探讨，具有广泛的借鉴意义。此外，本书提出资源、环境、历史等要素共生的空间发展理念，是多中心城市空间优化的根本机制；适度集聚的空间网络结构，是多中心城市空间优化的合理方向；有机秩序的空间组织方式，是明晰和有效控制多中心城市空间体系的理想选择。

有关城市空间理论的研究仍在蓬勃发展中，相信本书相关理论研究成果和济南规划实践，能为我国大中城市空间形态发展及公共中心规划建设提供有益借鉴。

目　录

第四章 山水泉城、和谐共生：济南公共中心网络体系构建

第五章 理想与行动：共生网络框架下的济南公共中心建设

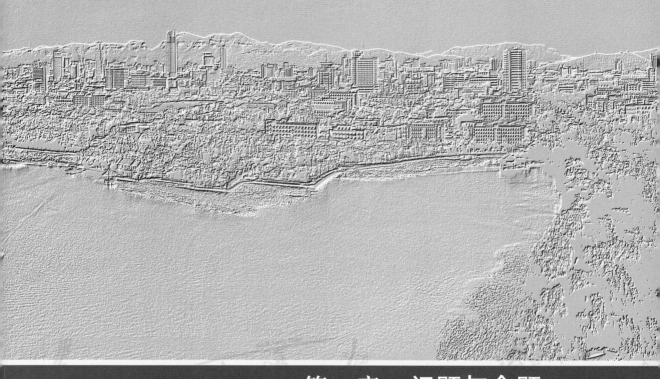

第一章 问题与命题

古希腊哲人亚里士多德曾说过："城市，因人类寻求美好生活而诞生。"城市，应该"成为人类能够过上有尊严、健康、安全、幸福和充满希望的美满生活的地方"。(《伊斯坦布尔宣言》，1996)

美国经济学家、诺贝尔奖获得者斯蒂格利茨认为：21世纪影响世界最大的两件事，一是美国的新技术革命；二是中国的城市化。"十一五"期间，我国城镇化率由2005年的42.99%提高到2009年的46.59%，年均提高0.9个百分点。"十二五"期间，我国城镇化率将突破51.5%。

城市的发展，本应让人类生活更美好。然而，在我国城市化的快速推进过程中，城市空间无序开发、人口膨胀、资源短缺、垃圾围城、交通拥堵、住房拥挤、房价高昂、上学难、看病贵、食品安全、公共安全、生态安全、环境安全等现象层出不穷，正在快速汇聚成城市危机，一步步地抵消我们得来不易的生活质量的提高。日益蔓延的"城市问题"给城市和谐、均衡与可持续发展带来风险与挑战。

第一节　直面"城市问题"

城市问题也称城市病，是指伴随着城市发展或城市化进程，在城市内部产生的一系列经济、社会和环境问题（图1-1）。从目前世界城市发展的历程来看，城市问题是大多数城市无法回避的难题。如何解决，直面和反思是第一步。

一、人口"超载"

现代城市的发展，必然伴随着人口的增长和生产要素的高度聚集。在快速城市化阶段，由于人口快速向城市尤其是特大城市集中，城市人口规模早已超载，逐渐逼近现代城市生态环境、社会资源的承担极限。20世纪初，世界城市人口占全球人口比重为13%，2000年达到50%，总量30亿人左右（邹德慈，2000）。我国人口压力更是巨大：到21世纪初，人口总量已由新中国成立初期时的5.4亿上升至13亿，平均每年增长达10%；人口密度也从1949年每平方公里56人上升到现在的135人。

当人口的增长超过生态资源和基础设施的供给，大量城市问题开始形成。城市生态环境压力日趋增大，空气污染、噪声污染、水体污染、生活污染、交通堵塞、"热岛"效应等问题集中出现，住房、教育、医疗和交通等社会资源供需矛盾突出，房价高、看病难、出行时间长等问题导致居民生活质量下降。

二、"移民"冲击

现代城市中人口移动的社会效应是一个特别应受到关注的问题。据《中国日报》报道，未来15年将有4亿多农村人口搬迁到城市，这对现行城市管理体系提出巨大的挑战。虽然未来几十年城市人口将会支撑每年经济达9%的增长率，但是"政府应该考虑到一些社会问题，尊重人们选择的权利"[①]。目前，上海、北京、广州的流动人口均已超过或接近500万，分别相当于本地户籍人口的1/3、1/2、2/3；而在深圳，这个一度的"打工者的天堂"，1121万的总人口规模中，高达940万的数字来自流动人口的贡献。

在快速城市化的进程中，旧有的二元结构尚未完全打破，城乡之间由于户籍等因素形成的藩篱长久存在，新的二元结构正在凸显——大量城市外来务工者并未融入成为真正的"城市人"，城市无法为他们提供足够的公共服务设施。由于户口至今仍然在城市社会经济生活中

---

① 王晓义．中国社会科学院农村问题研究所．

发挥着基础性作用，"非正式迁移"人口无法享受和城镇"正式"居民同等取得生活资料和生产资料的机会和权利，于是形成不同户口状况的移民在就业机会、行业和职业流向、福利与社会保障等多方面迥然各异的移民群体（杨云瞥，1996）。流动人口应有的就业、就学、住房、社会保障等方面的权益，几乎被现行城市管理体制边缘化。"经济上接纳、社会上排斥、体制上束缚"[①]，矛盾不断积累，最终影响社会稳定。

三、资源短缺

资源是现代城市发展的重要生产要素之一。在城市化进程中，资源支撑着产业，产业支撑着城市。历史上自然资源丰富的地区在工业化过程中，城市经济都得到了飞速的发展，如美国的匹兹堡、德国的鲁尔、我国的大同等。无论是发达的市场经济国家，还是落后的发展中国家，几乎都不约而同选择了一条资源和城市相伴而生的发展之路。

我国城市人口多，自然资源有限，生态环境本底脆弱，资源环境对城市发展提出了严峻挑战。一方面，城市水、土地等资源日益稀缺；另一方面，资源使用不当或技术水平落后，造成资源利用效率不高、随意浪费的问题十分普遍，自然资源的生产价值与生态价值严重背离。在生产少、消费大、能源紧张的发展模式下，城市经济的快速增长建立在高资源消耗、高能源消耗的基础上，我国大城市人均能源消耗量巨大且利用率不高。城市能源过耗与城市的产业结构、生产方式、生活与居住方式等有关（邹德慈，2000），而且必然带来两个结果。第一，资源枯竭；第二，环境污染和生态破坏。从长远来看，必然制约经济发展，威胁城市生态安全，使城市居民对城市整体环境的控制力逐渐丧失。

四、环境恶化

生态环境是人类赖以生存的根本。城市人口的快速增长，城市发展对规模和速度的过分追求，城市空间低密度、分散化"面状扩张"的拓展方式，城市建设对环境容量的无偿占有与对环境质量的自觉养护之间的严重失衡，已使城市面临严峻的生态环境问题。早在1998年，世界卫生组织公布的全球10大污染城市中，我国城市占了7个。

虽然我国大多数城市已开始加大污染治理和环境保护的力度，但城市水质污染、大气污染、噪声污染、固体废弃物的污染依然广泛存在。白色污染、垃圾围城等现象屡见不鲜；绿地减少、建筑密度增大，城市变得日益拥挤不堪，城市热岛效应、温室效应、峡谷效应时有发生。据有关部门统计，全国90%以上城市水域严重污染，城市生活垃圾以每年8%~10%的速度增长，

[①] 郝福庆．五大人口安全隐患，瞭望周刊．

在 50% 的垃圾处理率中只有 10% 达到无害化处理，大多数垃圾只能简易填埋，在全国 663 个城市中甚至有 200 个左右的城市出现过垃圾围城的局面（赵培红，2012）。由于城市生态环境得不到有效保护和治理，城市居民的身心健康受到损害、生活质量受到极大影响，城市的魅力在减小、吸引力在降低。

五、交通拥堵

交通是城市的生命线，城市发展以交通效率为其优势。我国的城市交通问题在改革开放前主要是基础设施欠账太多、发展不足，在改革开放之后是基础设施的总体改善跟不上城市人口增长的速度。大部分的城市交通形势依然严峻，交通拥堵这一"城市问题"普遍存在。以"北上广"为典型举例：据统计，北京、上海、广州等城市交通高峰时段，公交车只能以每小时 5~7 公里的速度行驶。"城市一大怪，汽车没有人跑得快"成为当前某些城市交通状况的真实写照，交通拥塞、效率低下已经成了制约城市发展的社会经济问题。

随着城市经济和社会的发展和规模的扩大，城市交通所担负的任务也越来越繁重。许多大城市面对快速增长的交通和小汽车数量，试图通过交通技术手段解决城市交通问题，但囿于规划预见性不强、城市空间布局和功能调整不及时，加之基础设施不足、交通管理现代化水平偏低等原因，致使城市交通问题愈演愈烈。城市的交通拥堵已然成患，不仅影响了人们的生活，还制约了城市的进一步发展。

六、公平缺失

公平是社会文明进步的内在要求。社会公平所关涉的内容主要指向公共领域，作为重要的公共行政和公共服务职能的城市规划，势必成为社会公平诉求的主要对象。城市规划作为一项公共政策，应当承担其社会职责，在土地空间资源的分配上体现普通民众所期盼的公平和公正。然而已形成的范式是：城市规划应当以促进地方经济发展为首要职责，确保各项用地和建设项目的落实。

崇尚经济增长的速度和效率，最终在急促的社会改革面前被修正为"效率优先、兼顾公平"，并以此作为指导与衡量是非曲直的价值标杆。当城市化被一些地方片面当作经济增长的引擎，城市规划领域的公平问题日益凸显：过低的资源价格和资源过度透支、土地的无节制使用、房价"一路涨来"，二元结构、社会不公、区域失衡等问题不断地在"浮夸"和"躁动"的经济快速增长环境下激化，使得社会公平成为一个歧义丛生、颇为复杂的概念，受到越来越多的追问。

七、效率低下

城市规划作为一种资源配置的方式，效率是其发展的要务之一。改革开放以来，我国城市规划与建设经历了一个蓬勃的发展时期，在这个过程中，成绩斐然。但随着城市化进程的加快，城市发展和规划建设中开始出现盲目追求大规模、高标准以及严重浪费土地等一些"冒进式"趋向，影响到社会经济整体良性发展。

在市场经济体制下，城市规划应作为保障市场运行长期有效的一种机制，保障土地和环境等城市发展的基础性资源发展的效率。然而令人沮丧的是，与快速冒进的"效率优先"的口号相比，城市规划既丧失了发展的质量，又遭受着发展"失重"和"超速"的颠簸：多变、朝令夕改、"不科学决策"、城市规划频繁的修订，造成社会资源的巨大浪费；滥用土地、城市开发时序混乱，造成大量失地农民和"伪城市化"人口产生，专业分工水平降低和产业结构恶化，带来了城市发展的低效，破坏着城市的健康长远发展前景。

八、特色丧失

城市的生命力和吸引力在于其特色的彰显，一个没有特色的城市是缺乏活力的平庸的城市。中国快速的城市发展正逐渐"消磨"着数项战争和"文革"后幸存无几的城市"记忆"。由于"现代化道路"上不断地抄袭和"克隆"，中国城市在塑造自身城市特色和品格的道路上与城市的终极理想背道而驰，愈行愈远。

正如美国著名城市研究专家詹姆斯·特拉尔所说："科技改变城市面貌，欲望则铸造城市的品格。"50多年前，林语堂在《迷人的北平》中将北京称为一个适于住家的清静的城市，一个有空旷处使每个人得到新鲜空气的城市，一个调和着乡村的清静的城市。而如今，这个被赞为理想城市的地方，代之以胡同、四合院的是大量没有个性的新建筑，其实际效果，吴良镛先生总结为"好的拆了，滥的更滥，古城毁损，新建凌乱。""一个世纪以来，充满魅力的中国建筑和城市逐渐消灭了。"现在的情形是，北京中关村在复制"硅谷"、上海陆家嘴在复制曼哈顿，一座城市正在成为另一座城市的翻版或盗版。伊利尔·沙里宁曾经说过："城市是一本打开的书，从中可以看到她的目标和抱负。"当满眼所及的城市变成了一种模式，城市的个性和特色消失了，这本书也变得不再那么清晰可读。

九、活力不足

在城市的快速发展过程中，随着城市人口增长和规模扩大，合理的城市环境容量往往被突破，城市内部各个系统因为不能有效协调，城市功能不能正常运转，甚至系统功能相互抵消，从而

图1-1 现代城市快速发展中各种"城市问题"显现

造成城市活力丧失。20世纪旧城改造初期，我国众多城市因大规模改造计划缺少弹性和选择性，造成了对城市多样性的破坏，城市中心区功能配置单一、缺乏活力。正如简·雅各布斯在《美国大城市的死与生》中对纽约旧城改造的描述："低收入住宅区成了少年犯罪、蓄意破坏和普遍社会失望情绪的中心。中等收入住宅区则是死气沉沉、兵营一般封闭，毫无城市生活的生气和活力可言。那些奢华的住宅区域试图用无处不在的庸俗来冲淡他们的乏味；而那些文化中心竟无力支持一家好的书店。市政中心除了那些游手好闲者以外无人光顾，他们除了那儿无处可去。商业中心只是那些标准化的郊区连锁店的翻版，毫无生气可言。人行道不知道起自何方，伸向何处，也不见有漫步的人。快车道则抽取了城市的精华，大大地损伤了城市的元气"（图1-1）。

第二节 问诊城市问题

城市化高速发展过程中不可避免伴随着上述问题，涉及社会经济、生态环境等各个领域。对于某些大城市或特大城市来说，这些问题正有着愈演愈烈的趋势，重新审视原有的发展思路成为破题的关键。

施里达斯·拉尔夫在《我们的家园——地球：为生存而结为伙伴关系》一书中讲到，"作为人类，我们属于自然的一部分，而并非远离自然的一部分，在与自然的相处中，我们应当谦虚，而不应傲慢；我们应当下决心同自然和谐相处，而决非争斗。"城市问题的"病理"，源于城市发展与自然社会的不协调，折射出城市发展理念的失误、城市发展战略的偏差、城市发展结构的失衡、政府管制的低效等深层病因。

一、发展理念亟须转变

"城市问题"源于一种"单一增长"，源于城市发展理念对规律、理论和现实把握的失误。发展理念的转变之于城市，意义在于在城市发展外部环境、发展机遇或自身状态发生变化的条件下，根据锁定反应适时转变原有发展模式、发展路径、发展战略以摆脱对原有非理性发展道路的路径，获得最大的系统外部支持，规避无效率的城市增长或城市衰退，提高城市竞争力，实现可持续发展。现代城市作为一个人工生态系统工程，城市发展的理念必须体现"天人合一"的系统观，以人为本的人文观，坚持生态为纲、文化为常，创造和谐的城市人文环境。

一是要将生态理念植入城市发展的始终，着力解决城市经济、社会与生态环境矛盾激化，生态系统自然景观缺失等问题。以城市生态发展阶段为依据，按照生态危机缓解、生态安全格局完善、生态文明构建完成城市的生态转型，从而最终实现城市可持续发展。

二是要将文化理念作为城市发展与竞争的重要策略，由忽视文化因素转向协调经济发展与文化发展。通过挖掘和培育特色城市文化，营造富有城市自身性格的城市空间环境品质；通过保护和发扬历史文化，促进重视创意产业、旅游产业的发展；通过重塑、提升城市形象达到延续城市文脉，丰富市民精神生活，提高城市的综合竞争力。

二、发展战略亟须调整

城市发展战略意指对城市经济社会建设发展全局的根本谋划和对策。在全球化、市场化以及快速城市化的背景下，影响城市未来发展的因素越来越纷繁复杂，城市发展环境变化也越来越具有不可预测性。当前我国城市发展战略普遍存在以下问题：战略目标不切实际、盲目抬高城市发展目标，经济发展导向下忽视生态文化因素，政府换届带来战略制定的不连续性或跳跃性。城市是一个复杂的巨系统，规划应关注城市中整体和长远发展影响的问题，进行重大、全局、决定性意义的规划。面对千变万化的城市问题，城市发展战略应结合城市社会经济现状

网络与共生——济南城市空间发展和多中心体系研究

及其区域地位，对城市经济、社会、环境的发展所作的全局性、长期性、决定全局的谋划和规划，应对日益复杂的城市建设环境。

一是要把握城市发展的定性、定位、定向。通过对城市现实问题的深度判读和对城市发展目标准确定位，着力点从面面俱到转向问题解决，明确城市发展方向，避免在城市发展上跟着感觉走。其次是客观面对城市快速发展，主观找准城市差异、个性和特色，着力点从注重经济发展转向综合目标制订，因地而宜地打造城市的功能、景观、风格特色，杜绝在模仿从众和拿来主义心理指导下进行城市规划决策。

二是要把握城市发展时序。重点关注土地利用的空间结构、生态格局、交通系统。城市是一个生命体，其发展是一个有机变化的过程，需要制定规划之初用心度量；根据经济社会实际情况确定的规划，才能避免城市建设用地在经济利益和长官意志驱使下遍地开花、城市无序扩张，才能对城市的未来发展具有实际指导意义。

三、发展结构亟须优化

城市发展结构意指城市各组成要素间及要素内部诸特征的组合关系，涉及经济、社会、产业、空间、功能布局等方面。随着城市经济结构和社会结构变迁，城市产业结构、功能结构和空间结构需要进行适应性变化。但与快速的城市化进程相比，我国城市发展普遍存在着城市规模扩张与结构进化失衡，产业发展盲目重复建设、功能转变滞后、空间布局和结构不合理等问题，城市结构难以及时适应外部环境和城市自身的发展变化要求，从而导致城市资源浪费与发展低效。

一是要促进城市产业由低端化向高端化的优化演进，转变城市资源利用方式、产业结构和产业空间组织形态。在资源瓶颈的压力下，利用科技水平的提高改变传统生产方式，从粗放式走向集约式的新型工业化道路，建立循环经济体系，推动城市资源利用方式的转变。从城市的资源禀赋出发培育并优先发展中心产业，完善城市配套产业与一般产业，重点发展低碳环保产业，以主导产业部门更迭推动产业结构的升级演化。依托城市产业分工协作，形成城市内部产业部门之间的弹性专业化分工，结成紧密的合作网络、根植于城市社会文化环境的空间组织体系，推动产业空间分布格局形态的演化。

二是要通过城市在国家或地区中所承担的政治、经济、文化职能的不断升级，实现城市由单一功能向多种功能转变，加强城市内部或城市之间横向与竖向交织的网状联系，优化城市的功能结构。

三是通过城市空间发展模式的转变，将分散于城市地理空间的相关资源与要素链接，形成有序的经济活动的空间组织结构，通过系统整合、阶段关联、资源优化来推动城市经济和社会结构的发展。在倡导以人为本的包容性增长方式的大背景下，健全和完善城市空间体系，缓解城市人口、资源、环境压力。

四、政府管治亟须变革

政府管治是指在复杂的环境中，政府与其他组织和市民社会共同参与管理城市的方式。政府管治变革之于城市，意义在于城市政府通过重塑或重构自身行为模式和组织形态，不断提高政府效率，转变政府功能以适应社会经济与社会发展需要。在城市化加速发展时期，制度环境和管理模式成为影响城市发展的主要因素之一。在政治、经济、社会领域的改革发展不断深化的背景下，城市规划管理进行变革已势在必行。如何进行制度创新、提高行政效能，成为变革的关键。

一是要更新理念和创新思路，探索符合城市实际的规划服务和管理模式。二是要完善规划决策机制。避免短视规划决策、不科学规划决策，逐步建立起适应市场经济要求的城市规划行政制度，使城市规划行为逐步法治化、规范化、透明化、公开化、科学化和民主化。三是要以作风服务效率为突破口，倡导主动规划和主动服务，提高行政效能。四是要以公众参与为导向，强调阳光规划。强调公共政策话语权，以公共权力制约私权可能造成的对公共利益的危害，强化公共政策对公共利益的保护，是城市规划转向良性发展的重要保障。

第三节　破题：可持续发展是治疗城市问题的良方

为了摆脱城市发展顽疾的困扰，探求人与自然社会和谐发展的道路，寻找一套理想的城市发展模式，自工业革命以来，许多西方城市理论学家、社会学家都曾作过一些有益的探讨和实践。霍华德的田园城市（Garden city），伊利尔·沙里宁的有机疏散城市（Organic decentralization city），雷蒙·昂温的卫星城镇，赖特的广亩城市，库克的插入式城市（Plugged city），赫隆的行走式城市（Walking city），技术与乌托邦派的吊城方案，以及有些学者提出的"柔性城市"和"柔性住宅"的设想等，这些思想和实践一方面反映了他们对人类归向大自然，追求美好生活环境的愿望。另一方面，也表达了对创造一个既符合人类工作与交往的需求，又能使城市与乡村、人工与自然和谐结合的理想城市空间环境的憧憬。

1972年，联合国在斯德哥尔摩召开了"人类环境会议"，发表了《人类环境宣言》，引起了全球对环境问题的重视。1980年国际自然与自然资源保护联盟（IUCN）、联合国环境开发署（UNEP）、世界野生动物基金会（WWF）联合发表了《世界自然资源保护战略》，第一次提出了可持续发展概念。1987年，受联合国委托，以挪威前首相布伦特兰夫人为首的WCED的成员们，把经过四年研究和充分论证的报告《我们共同的未来》提交联合国大会，正式提出了"可持续发展"（Sustainable Development）的概念和模式。2002年，"到2020年实现城市可持续发展能力不断增强，生态环境得到改善，资源利用效率显著提高，促进人与自然的和谐，推动整个社会走上生产发展、生活富裕、生态良好的文明发展道路"作为一项重要目标出现在我国政府报告文件中。

从理论角度讲，可持续发展不是一门独立的学科，而是一个复杂的交叉科学和巨大的系统工程。作为一种观念，可持续发展被多个领域当作指导思想或目标广泛地应用。城市可持续发展是一种崭新的城市发展观，是在充分认识城市发展历史和了解各种城市病症及原因的基础上，用人与自然和谐的价值观导向，来寻求一种新的城市发展模式。树立共生理念，建立城市内部各要素之间及城市与城市之间的共生关系，实现城市的可持续发展。

一、 什么是可持续发展的城市

1994年6月在英国曼彻斯特举行的'94环球论坛(Global Forum'94)，作为可持续发展委员会第一次重要的国际会议，其主题被确定为城市与可持续发展。可持续发展的城市，是在保证城市经济效率和生活质量的前提下，使能源和其他自然资源的消费和污染最小化，使之既能满足当代发展的现实需要，又能满足未来发展需要的城市。《中国21世纪议程》从我国具体国情出发，对我国可持续发展城市的空间特征表述是：建设成规划布局合理、配套设施齐全、有利工作、住区环境清洁、优美、安静，生活条件舒适的城市。结合我国的实际国情和存在的问题，可持续发展的城市一般具有以下几个特征：

（一）多中心的空间形态

城市走可持续发展道路就是使社会、经济、环境与资源协调发展，物资、能量与信息得到高效利用，保持生态良性循环的人类居住地。就目前乃至一段时期来说，我国城市的规模或人口容量仍将处于增长的态势中。城市环境的合理容量和建设条件（如可供建设的土地、水资源等）是制约城市可持续发展的重要因素。城市膨胀或人口膨胀的教训多数情况下都是由于规模超过了合理的环境容量、经济容量（具体化为就业岗位），或超过了经济增长的速度。国内外经验说明，现代城市尤其是特大城市的空间扩展策略是利用各种手段，引导它们向外围作"组团"式发展，形成多中心的城市形态，避免形成过分集中的大"板块"。

（二）合理的土地利用

土地利用"合理"的标准是社会、经济、环境三个效益的统一，其目的是创造优化的生活和工作环境。片面提倡消灭旧城区，或"盘剥"旧城区土地存量的提法是不全面的。正确方法是进行土地适用性的分析，以代替当前一般以地租的经济效应来评价土地；疏解城市旧城压力，将特定职能外迁至外围区域。为实现城市的可持续发展，每个城市都应该"留有余地"，不宜把可建设的用地被当代人开发。

（三）高效的经济发展

经济是城市发展、保护和维护的物质基础，这是客观的规律。城市经济发展的结构和规模要和人口发展的数量、结构、素质相适应。每个城市应选择符合自己特点和实际的经济发展模式、结构和途径，获得最高的效益，并且与社会、环境的发展相协调（邹德慈，2000）。

二、可持续发展城市构建的空间途径

（一）共生机制为核心

从人类探索生命本质的过程来看，无论是微观方面沿着生物有机体、器官系统、器官、组织、细胞、细胞器到有机大分子的研究，还是宏观方面沿着生物有机体、种群、群落、生态系统到生物圈的研究，都始终遵循整体的共生原则，即生物体的结构整体共生、功能整体共生，以及生物体与环境的整体共生。

而城市是什么？这是个不可回避又难以逾越的问题。刘易斯·芒福德指出："人类用了5000多年的时间，才对城市的本质和演变过程获得了一个局部认识，也许要用更长的时间才能完全弄清它那些尚未被认识的潜在特性。"城市也是一种共生的整体。1977年的《马丘比丘宪章》从系统论的角度批判了《雅典宪章》的功能分区思想，认为"不应当把城市当作一系列的组成部分拼在一起来考虑，而必须努力去创造一个综合的、多功能的环境"，强调城市发展的动态性和各组成要素之间相互作用的重要性、复杂性。要实现这一目标，根本机制是共生机制。

（1）人与自然环境共生是基础

城市自诞生之日起，其内部各种活动都是谋求人的发展。近代以来，随着科学的发展，技术的应用和工业的兴起，城市社会与自然之间呈现出日益普遍、全面的联系。从可持续发展的角度来看，人们在注目于经济社会发展的同时，必须特别注意城市的整体协调发展。人们应主动自觉地控制和调节自己的行为及其与自然的关系，转向人与自然共生。一方面，它在保留了对人的主体性的肯定的同时，克服了人与自然主客二分观念带来的尖锐矛盾；另一方面，它强调更充分地发挥人的主体作用，依照自然进化和生态平衡演进规律，在追求满足自己需要和发展过程中，愈来愈广泛而深刻地利用自己所掌握的理性工具去能动地改造自然，促使现在城市发展环境向更有利于人类生存的方向发展。

（2）人与人的共生是根本手段

城市能否可持续发展问题，从表面看是人与自然的博弈，实则是包含了人与人的矛盾。城市可持续发展中人与人的关系，不仅涉及当代人之间的关系，还涉及代际之间的关系。正如米萨诺维克和帕斯托尔所说："如果人类要生存下去，就必须有一种与后代休戚与共的感觉，并准备拿自己的利益去换取后代的利益。"因此，要实现城市可持续发展，必须树立城市居民代内之间及代际之间的共生理念，每一代人在谋求发展的过程当中，也为后人创造良好的条件，以保障城市的可持续发展。

（3）城市内部及与其他城市共生是推动力量

随着全球经济时代的来临，人类开始步入以城市为主体的时代。城市作为人类各种活动的聚集场所，通过物质和能量的高速流动与外围区域发生多种联系，通过对外围腹地的吸引作用和辐射作用成为区域的中心。现代城市内部要素之间、与外部城市之间不仅是相互联系的关系，也是相互竞争的关系。任何一个城市要实现可持续发展，都要既加强城市内部要素之间的联系，又要密切与其他城市的联系和分工合作。

（二）网络结构为基础

20世纪60年代，人们开始用系统的观点认识城市，形成了"系统主义城市观"，把城市视为"活"的功能性实体，并通过系统方法进行分析和处理，强调整体性、相关性、结构性、动态性和目的性。如霍华德的"社会城市"理论贯穿了系统思维、强调建立一个比较完整的现代城市规划体系，格迪斯的"调查－分析－规划"理论认为城市空间结构"内容庞杂、变化多端、前后不易统一协调"、城市各子系统之间均存在着高度的非线性机制作用等。

城市系统的基础是结构。现代社会高度发达的交通、通信信息技术、建筑技术使城市集中或分散发展均已成为可能。但规划中对城市空间增长模式的选择并非非此即彼，而是两者之间某种程度的折中与平衡。从未来发展情况看，有几种趋势将会促进城市空间增长向理想的方向发展：保护耕地和开敞空间的需要，更为公平地使用开敞空间的需要，交通走廊集中的需要和减少能耗的需要。而网络结构，正是达到上述目标的重要途径。在大城市空间发展的背景和面临的挑战下，多中心网络结构具有一定的优越性，是解决我国城市发展问题，促进城市功能跃迁，减轻城市发展压力，实现城市可持续发展的有效途径。

（1）网络结构可以实现经济、社会、生态效益的有效增值

多中心网络结构能够疏解高度集中的大城市中心城区的人口和功能，从根本上解决大城

市规模过大带来的中心城区不经济、城市外围地区不聚集的问题。在多中心网络结构中，城市产业合理布局在各中心，使每个中心都具备完善的城市功能并具有吸引大量人口的聚集能力。不仅可以满足人们的工作和生活需要，还可以降低人口交通距离，使城市通勤量和交通拥挤程度下降，继而减轻交通工具造成的各种污染和能源短缺。由于人口和产业分布密度下降，可以有适量的土地用来建设住房和公共绿地，改善城市生态环境和居住条件，提高居民生活质量。此外，由于各中心具有相对独立性，能够避免过于集中造成的管理困难，有效地减少失业、城市犯罪、流动人口管理难等问题。多中心网络结构能够有效地解决在城市经济、社会以及生态环境等方面出现的城市问题。

（2）网络结构可以防止大城市的空心化和无序蔓延

在级差地租的影响下，城市规模过大导致一些企业难以承受昂贵的生产成本而向郊区搬迁，城市人口也因为过高的生活成本和日益降低的生活质量而向郊区迁移，导致中心城区的空心化。按照经济效益的最大化，郊区开发建设的无序、重复建设以及功能单一使得城市无序蔓延、功能混合度不高、社会管理失序，造成土地资源浪费的同时"城市大饼"越摊越大。在多中心网络结构中，人口、产业等城市要素在各中心集中，同时独立运行的各中心又紧密联系保障了城市区域的系统性和整体性。通过科学合理地组织各中心间的协同发展，避免了中心城区的过度集中和极强的吸引力，促进各次中心的独立发展，提升了城市功能在次中心的集聚能力，有效地防止大城市过度的蔓延和空心化。

第四节 立意：对济南空间发展的期待

快速城市化发展背景下，伴随着城市公共中心的分布分散化、功能的混合化、界限模糊化等特征的出现，针对城市综合问题的日益显现，共生理论、网络城市的相关研究，为城市空间布局由单中心向多中心、圈层式向网络状的发展，提供了较好的理论指导和支撑。低碳生态城市、紧凑城市等相关研究对人类和环境的关系的思考，为自然和人居环境的"和谐"和"共生"、城市的"精明"、可持续发展提供了科学的城市发展模式指引。多中心、网络状的空间结构成为一种理想化的发展方向，指导城市空间体系共生、繁荣发展。

济南是国内在新经济推动下提出由单中心向多中心空间结构转变的特大城市之一。本书在借鉴国内外相关理论及实践经验的基础上，结合济南的空间发展轨迹和要求，提出可持续发展理念下的城市空间发展愿景为：山水泉城、和谐共生。

一、山水泉城

济南是著名的泉城、国家历史文化名城，拥有深厚的历史文化底蕴和悠久的历史文化传统，具有丰富的历史遗存和独特的自然景观，山、泉、湖、河、城有机结合、浑然一体。山水相依的城市地理形态和独特的城市空间特色，造就了独具特色的泉城风貌。中国古代道家主张"天人合一"的思想，《老子》曰："人法地，地法天，天法道，道法自然"，所谓"天"也就是大自然。自然景物被引为各种文化艺术作品的描写对象，而情景交融、物我合一的境界是我国文艺作品追求的最高境界(吴人韦，2009)。"山水泉城"反映了人们对济南城市环境的一种理解与期望。

"山水泉城"不应简单地理解为有山有水的城市，它是具有山水物质空间形态环境和精神内涵的理想城市，应该有济南独特的文化风格与底蕴。借用钱学森先生对"山水城市"的解释："中国的山水城市应该有深邃的文化内涵，要研究、发掘中国传统文化，要有诗情、画意，园林情、建筑意"。"山水泉城"的理念在于城市与山水共生。"山水"泛指自然环境，"泉城"泛指城市人居环境。"山水泉城"是提倡城市与自然环境的协调发展、对历史文化的起承转合，其最终目的在于"建立人工环境"（以"城市"为代表）与"自然环境"（以"山水泉"为代表）相融合的人类聚居环境。山是济南的骨架，水是济南的血脉，泉是济南的灵魂，城是济南的精神。"山、水、泉、城"四者相互作用，成为了独一无二的"山水泉城"（图1-2）。

图1-2　济南山水城市风貌

（一）山为骨、水作脉

山是济南城市的骨架。奇异的地质构造和城里城外连绵不绝的青山是济南城市特色的物质核心之一。济南的"山"对现代城市的布局、结构及景观等方面的影响深远，城市生活也与山息息相关。观山就是需要城市营造出与山相和谐的人工环境，使济南城市空间更加丰富，景观更加优美。山与城紧密结合，与城市融为一体，实现"青山进城、城山相融"的规划定位。水是济南城市的血脉。泰山余脉丰富的地下水浸出了济南神形各异的水，河、湖、泉、潭、瀑等一应俱全，共同构筑起了济南独特、灵动的水系画卷。济南的水浸润了这座城市，湖光山色秀美，充满诗情画意。流动的水需要城市规划更好地与水结合，考虑水与城市的关系，实现"河清岸美，湖秀泉媚"的规划定位。

"山水泉城"的核心是如何处理好城市与自然的关系。中国传统城市中山水常作为构成城市的要素，因势利导，形成各个富有特色的城市构图。济南城市中自然要素众多：南部是恢廓苍翠的自然山体，中部名泉荟萃、湖光山色；北部是蜿蜒曲折的黄河以及鹊山、华山等众多平地凸起的山体；东西并列的古城传统街区、民居、商埠近代建筑，一中一洋、一古一新、各具特色。"一城山色半城湖，四面荷花三面柳"，既是高度艺术概括也是真实的写照（图1-3）。

济南的城市发展与公共中心体系建设充分考虑与山体、水域的关系，将城市依山水而构图，强调城市与自然的交融，自然景色、建筑与园林相互结合、相互渗透、相互统一，形成城在山水中，山水在城中的格局，城市与自然山水相互顾盼，使得城市得天独厚地浸润在大自然山水中（图1-4）。通过大明湖的扩建、千佛山的保护等城市重要景观节点严格的规划控制，再现

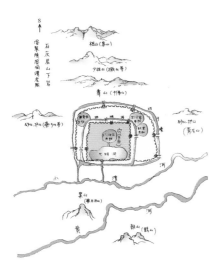

图1-3　济南山水空间格局示意

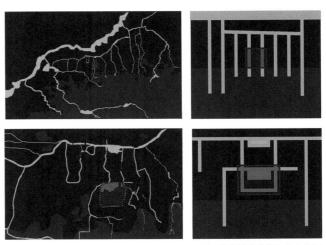

图1-4　济南城市空间与山水构图

"湖山倒影"、"鹊华烟雨"等美景。通过保护以湖泊水域为核心的四大泉群水系，建设以水为特色的华山湖、鹊山湖、北湖等集蓄洪、生态、景观为一体的城市水景公园，塑造丰富的山水景观或生态湿地景区。通过对市域内小清河、腊山河、兴济河、大辛河、韩仓河、巨野河等河流水系进行治理和环境整治，加大滨河绿化公园建设，形成"梳状"的蓝道体系。通过形成多个城市发展组团，形成保持有机尺度的"山—水"群体，重视山水景观的活力，重塑历史上济南独特的城市风貌和空间特色。

（二）泉为魂、城传神

泉水是济南的灵魂。济南的泉水不仅仅是一道自然景观，更具有浓郁的人文色彩，融入了济南的历史、文化和生活。老城空间形态也与泉水有一种默契的关系，让这座基于礼制思想而建的古城更多了一些自然的灵性。长期以来人们倚泉而居，汲泉而饮，构成济南市"家家泉水，户户杨柳"的独特泉水景观和"泉水文化"。城是济南的精神。千年的文脉传承、古老的人文气象，使济南拥有了广阔的海纳情怀。现代的济南成长为一座融古通今的城市："千年古城，百年商埠"正延续历史，"活力东城、魅力西城"正开展建设，这个编织了古代和现代文脉的盛世之城，需要细细品味。

"山水泉城"的根本在于对城市历史、文化的继承和延续。城市是兼有物质要素与精神要素的人类文明的成果，表面上看是一种具体的物质形态，但更重要的是一种文化现象。历史是城市之根，文化是城市之魂。一座城市不在于奢华，而在于它的历史文化底蕴；不在于铺张、气派，而在于它与历史文化和谐一体。从龙山文化古城遗址算起，济南的建城史已逾4600年，中国5000年文明史在济南可以得到完全的印证，这在全国一百多座国家级历史文化名城中是独一无二的。在漫长的历史延续中，济南的城址自东而西几经变更，城市发展的主线由城子崖龙山文化—城子崖岳石文化—平陵城—历城—济南古城区，而后由商埠区，先西后东跳跃发展，一直演变到今天的城区范围。特殊的历史沿革和自然禀赋，形成了济南以山、泉、湖、河有机结合为南北轴线，以时代延续为东西轴线的城市风貌格局。"家家泉水、户户垂杨"的优美风光，自古就为文人墨客所钟爱。从"十有八年春王正月，公会齐侯于泺"的记载起，人文的参与推波助澜，使泉水更富魅力、更具色彩，形成了以泉文化为核心的山、泉、湖、河、城交相辉映的自然文化遗产。龙山文化、大舜文化、名士文化、泉水文化对于城市品格和城市居民润物无声的熏陶，形成了蔚为大观的历史传统和人文底蕴。这笔丰富的历史文化和自然文化遗产经过历史的积淀成为城市的文脉，成为城市的精神载体，是济南得以延续发展、保持凝聚力的基础（图1–5）。

济南的城市发展与公共中心体系建设应充分尊重历史、崇尚文化，切实保护和弘扬自己

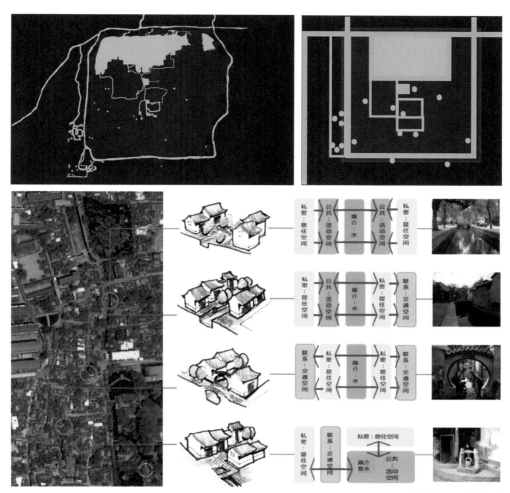

图1-5 济南城市空间与泉水文化

的历史文化遗产；古今贯通，新老融合，实现城市历史文化的传承发扬与新的科学技术运用的和谐统一，城市历史文化遗产保护与城市现代化建设之间的和谐统一，历史、现在与未来的和谐统一。通过对城市传统风貌特色的保持和延续，传承历史文脉与街巷肌理，保护历史文化街区与文物古迹，融合地方传统建筑风格和丰富多样的近代建筑类型及风貌，保护、继承与发扬以泉文化为代表的非物质文化遗产，促进文化生活的繁荣，焕发城市活力。通过严格保护四大泉群，控制城市向南部发展，充分利用泉水涵养区现有的泉水资源，营造高标准的泉水风景旅游保护区。通过完善和加强东部 CBD、西部城区、唐冶中心、西客站、大学园、园博园等中心建设，形成富有时代活力的现代化新城区。通过城市多个中心之间和节点之间特色与文化、分工与协作的共生，形成以实现竞争有序、高效节能、可持续发展为目标的有机整体。

二、和谐共生

与当前我国多数城市一样，济南正处于城市快速发展和规划思路亟须变革的坐标点。回顾济南近十年的空间发展轨迹及问题，由于注重城市的经济发展和功能主义，快速城市化带来的城市蔓延、生态恶化、社会分离、文化内涵缺失、汽车激增等，都是追求可持续发展的城市亟待解决的问题。吴良镛先生说过，"城市规划的复杂性在于它面向多种多样的社会生活，诸多不确定性因素需要经过一定时间的实践才会暴露出来；各不相同的社会利益团体，常常使得看似简单的问题解决起来异常复杂"。面对多元化的社会利益诉求，城市规划必须综合协调各方利益，妥善处理各种矛盾，正确把握近期与远期、局部与整体、需要与可能、个体与群体、刚性与弹性、效率与公平等关系，才能真正保障公共利益，维护社会公平与公正。城市发展可以归结为政治力、经济力、社会力、文化力、生态文明力五种发展力。从共生哲学的角度来看，各种城市问题都来源于城市要素与这五种城市发展力之间的不和谐和冲突。

针对城市这个庞杂系统中各种物质空间的、产业经济的、社会人文的要素和它们的冲突与博弈，如何通过规划手段达成"和谐共生"、营造宜人的人居环境成为城市可持续发展的核心议题之一。济南的城市规划应强调五位一体的和谐共生发展理念，使城市系统内部各个主体在运动过程中能达到并保持共赢的格局，城市系统内部与外部之间保持协调状态，既强调人与人的和谐，又要达到人与自然的和谐；既达到城市内部各阶层和各利益团体之间的和谐，又争取城市外部格局的和谐发展；既培育微观的各个城市社会组织细胞的和谐发展，又促进宏观的整个城市社会的和谐发展；既实现城市经济、政治及文化等各子系统内部的和谐，又实现城市各子系统之间的和谐发展。

（一）生态为先、宜人宜居

强调生态文明理念，创造宜居环境，是实现城市可持续发展、培育山水泉城特色格局的关键。面对资源约束趋紧、环境污染严重、生态系统退化的严峻形势，把生态文明建设放在突出地位，融入经济、政治、文化、社会建设各方面和全过程，体现尊重自然、顺应自然、保护自然的理念。联动推进改善生态环境、优化空间布局、发展生态经济、培育生态文化、健全生态制度各项工作，着力建设以绿色、低碳、和谐、可持续发展为主要特征的山水生态型城市。以人为本，通过从传统的城市规划和设计思想中发掘灵感，与现代生活特征相结合，构建具有地方特色、重视历史文化传统、居民具有强烈归属感和凝聚力的社区；尊重自然，构建完整的城市生态系统；保持多样性，维持城市生态系统的平衡；节约资源，实现城市系统的可持续发展（王国爱，2009）。

"和谐共生"的目标在于创造"宜居"的生态栖息地。《济南城市总体规划（2010-2020年）》

明确把"宜居"和"生态"作为城市规划发展的一种理念和目标。宜居城市是指经济、社会、文化、环境协调发展，人居环境良好，能够满足居民物质和精神生活需求，适宜人类工作、生活和居住的城市。其"尊重自然生态、尊重历史文化、重视现代科技和环境艺术、面向未来发展"，"最终创造建筑—人—环境相融合的人类聚居环境"。

自然环境生态系统是济南生态格局构建的基础。济南一直以来十分重视生态环境保护和发展，坚持保护第一、生态优先，着力改善生态环境。一是对城市水系空间结构重新梳理，实现生态保育、防洪除涝、提升景观三位一体，形成"两河、三带、数廊、多片"的河湖水系结构，塑造水清景美、生态宜居、城景交融、和谐发展的生态景观格局。其中"两河"为黄河和小清河；"三区"为南部生态保护区、城市泉水景观区、北部湿地风貌区；"数廊"为北大沙河、玉符河、兴济河、大辛河、韩仓河、西巨野河等数条绿色水生态廊道；"多片"为环绕中心城的黄河、小清河流域玫瑰湖湿地、济西湿地、鹊山龙湖湿地、华山湿地、白云湖湿地等多片生态湿地。二是注重保护自然环境，通过规划和引导，在空间布局上综合运用城市公园、景观生态廊道、居住区绿地、道路绿化带等构建多样化的城市绿地与开敞空间系统，创造分布均匀合理、满足各组团居民生活使用，体现片区特有自然风貌的绿地系统，实现城市环境与生态环境的有机融合。通过绿化隔离带进行有机分割和联系，建立等级有序的系统结构，增强城市空间系统的完整性和稳定性，确保城市形态上的多中心网络模式，并赋予多中心间的绿色隔离带功能化，如大力发展都市农业、生态休闲空间等，使生态环境、都市农业及城市空间有机结合，营造"城在林中、路在绿中、房在园中、人在景中"的人居环境，彰显山水园林城市特色。

社会和经济生态系统是济南生态格局构建的关键。在城市规划建设中，坚持规划先导、城乡统筹，着力优化空间布局。按照人口资源环境相均衡、经济社会生态效益相统一的原则，积极推动工业向园区集中、人口向城镇集中，着力促进生产空间集约高效、生活空间宜居适度、生态空间山清水秀，努力画出一幅城市与乡村镶嵌在绿水青山之中、人与自然和谐相处的美丽画卷。一是积极推动城市建设从以老城为中心向以"新区开发、老城提升、两翼展开、整体推进"转变，推动建设重点向副城、组团、新城转移，同时依托山脉、河湖和风景区等自然地貌，构建多条镶嵌在主城、副城、组团之间的"生态带"，加快形成网络化、组团式、生态型的城市空间格局，努力减少摊"大饼式"城市扩张带来的资源和能源浪费。二是坚持绿色发展、创新驱动，着力发展生态经济。把发展生态经济作为建设生态文明的重要任务，以加快转变经济发展方式为主线，深入实施实业兴市、创新强市战略，突出高端、高新、高效导向，优先发展现代服务业，大力发展高新技术产业和战略性新兴产业，积极改造提升传统优势工业，突出绿色循环低碳导向，积极发展循环经济和清洁能源。

生态环保意识培育是济南城市生态格局构建的强大动力。一是坚持文化引领、共建共享，着力培育生态文化。把生态文化作为建设生态文明的灵魂和精神支撑，围绕普及生态文明知识、传播生态文明理念、养成生态生活方式等重点，加快培育健康、绿色、低碳的生活方式，把践行生态文明融入到生活的点滴之中，体现在一念一想、举手投足之间，努力形成生态文明社会新风尚。二是坚持先行先试、体制创新，着力健全生态制度。把健全生态制度作为建设生态文明的重要任务和重要保障，积极创新体制机制，不断完善生态建设与环境保护的长效机制。

（二）有机共生、结构创新

"城市规划是一项全局性、综合性、战略性的工作，涉及政治、经济、文化和社会生活等各个领域"。城市规划应深入探寻城市物质空间背后的政治经济社会成因，深刻认识城市规划的多种本质属性，这是提高城市规划科学性的前提和基础。济南城市发展应转变"重城市、轻乡村，重核心、轻边缘，重经济、轻社会，重增长、轻环境"的传统规划模式，注重落实科学发展观和"五个统筹"的要求，坚持统筹规划、统筹城乡发展、统筹区域发展、统筹经济社会发展、统筹人与自然的和谐发展，注重保护脆弱资源和生态环境，合理划定各类限制建设分区，制定明确的空间管制要求和措施。济南的城市空间发展立足于"城市的可持续发展"理念，在发展中把握山水之灵魂，珍视历史肌理，强化资源共享、环境保护外部支撑，彰显山水情怀。

"和谐共生"的基础在于理想空间结构的选择。在目前城市空间发展的背景和面临的挑战下，多中心网络化结构具有一定的优越性，是解决济南城市发展问题、促进城市功能跃迁、减轻城市发展压力、保护耕地和开敞空间、满足交通走廊集中和减少能耗需要，实现城市政治、社会、经济效益的有效增值，实现城市可持续发展的最优选择。立足于城市整体，引导城市由封闭的单中心格局向要素共生、多中心网络结构转变。建立各公共中心之间基于特色功能的互补关系，加强交通网、绿道网、市政网、信息网等基础设施支撑网络，通过多方位、立体化的合作网络联系，实现要素的自由流动和信息的高效率传输，在结构优化和功能创新的过程中共同适应复杂的发展环境，充分发挥多核心一体化发展的集聚效益，提升城市整体竞争力。统一规划安排资源、交通网络和基础设施，制定统一的环境保护政策，有利于加强各中心之间的联系和提高城市公共中心体系的整体运作效率。2006年，《济南城市总体规划（2006—2020年）》将中心城空间结构确立为"一城两区"，并提出"构建以城市中心为主体、地区中心为骨干、片区和社区中心为基础的多层次、网络型的城市公共中心体系"。

一方面，改变主城区空间高度集中、不同层级功能的公共中心在市域层面上的空间缺失与部分重叠相伴的现状，以建设舒展有序的多中心网络城市为契机，优化老城区的城市功能，降低人口密度、建筑密度、交通密度，疏解、提升环境质量，完善老城区的市政基础设施及公共服务设施配套，维护、恢复、重建、改造具有特定历史文化肌理风貌的建筑和街区，积极推进人居环境的改善。从根本上解决济南城市规模过大带来的中心城区不经济、城市外围地区不聚集的问题。

另一方面，疏解高度集中的城市中心城区的人口和功能，城市产业合理布局在各中心，使每个中心都具备完善的城市功能并具有吸引大量人口的聚集能力。提高新城区一系列高起点、高标准的设施配套，高起点设计环境绿化，实现人居环境的提升；加强绿地、水系、敏感区等生态系统建设，城区提高城市绿地率和绿化覆盖率，形成城乡一体化的生态布局和与自然共生的城市环境，优化城市生态环境。通过对城市生态环境、人文历史的有效改善和传承，不断创造更多更适宜人们居住、生活和工作的空间，促进城市发展不断回归舒适、休闲、健康、安全和文明等人类的基本追求，使城市更加宜人宜居。

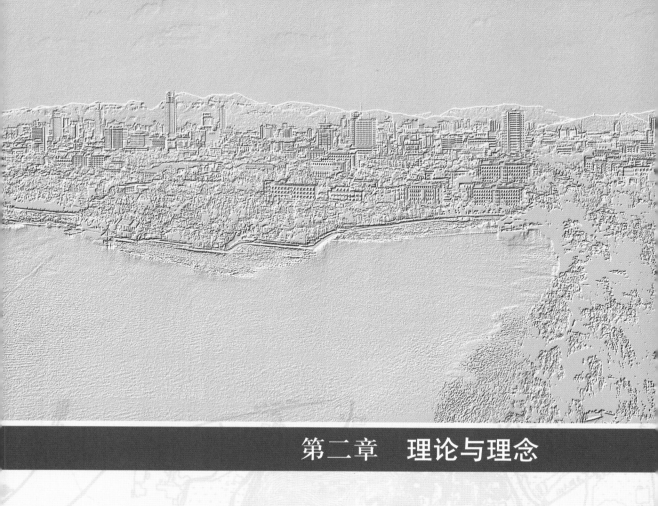

第二章　理论与理念

第一节 理论基础

一、共生城市

共生是自然界存在的普遍规律。"共生城市（Symbiotic City）"是基于"生命原理"的一种城市观和建筑观。现代城市是具有生态智慧的特殊生命体，它的存在与发展遵从共生规律而进行。

（一）概念辨析

"共生"起源于生物学中的概念，指两种以上的生物按某种物质联系而生活在一起，共同适应复杂多变的环境，互相依赖、共同生存的生物现象。"共生城市"起源于都市生态学家对理想城市空间形态的一种表达：各种各样的城市"节点"相互交织构成整体，由城市节点的"紧凑型混合使用"组成合理的城市结构。城市规划学者引入自然的生态观点来解释现代城市的多样化功能和结构，将城市中心区描述为各种不同功能与活动的共同表现空间，包含了都市结构中各种经济要素之间或内部的关系。如美国学者约翰逊（Johnson）在界定城市中心区时谈道："其位置代表了区位的中心，它所表现的空间具有共生的形态，它的各部分是相互依赖的"。共生关系既反映共生要素之间作用的方式、强度，也反映它们之间的物质、能量互换和信息交流关系（图2-1）。

城市空间的共生是建立在城市内部合理分工的基础上的，城市中心个体在强化与其他中心的共生关系时必须重视培养自身专业化程度的提高。处于共生状态的城市空间不仅会改变自身内部的结构（基础设施结构、产业结构、人才结构等），也会改变城市不同中心间的物质流通网络、能量流通网络和信息流通网络（图2-2）。

（二）相关研究

20世纪五六十年代后，"共生"的思想和概念逐渐引起社会学家、经济学家、管理学家甚至政治家的关注，尤其是在区域与城市群竞合关系的研究得到了广泛的运用，并取得了较为丰富的研究成果。日本建筑和城市规划学者黑川纪章四十多年来一直致力

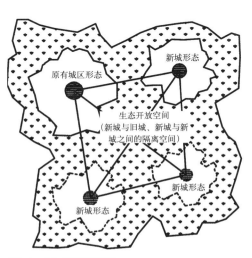

图2-1 共生城市形态示意

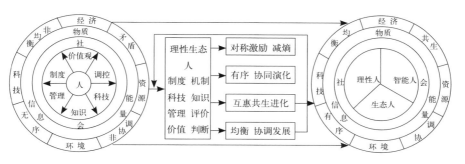

图2-2　共生城市的运作机制示意

于"共生城市"的理论研究和实践探索，他从多种城市要素的和谐共生出发，探讨了历史与未来的共生、尖端技术与生态环境的共生、城市与自然的共生、异质文化的共生、多样化功能的共生等。我国学者张旭（2004）将共生理论引入到城市可持续发展的研究中来，得出并证明了在城市可持续发展过程中建立共生机制需全体居民的参与和各级政府的制度建设及宏观调控，并对完善共生界面、促进共生能量生成和提高共生单元质参量提出了相应的对策建议。陈绍愿等人（2005）对城市个体与周围其他城市之间的共生现象进行了研究，认为城市在制定发展战略时应当充分考虑周围其他城市的存在，积极主动促成共生以实现共荣。王天青（2006）认为，城市中心区功能布局应突破功能分区的概念，以共生理论为指导，保持中心区功能、空间的多样性与投资功能多样性的平衡，这是实现中心区可持续发展的根本。

共生城市理论隐喻了多元主义、生态城市和持续性发展的思想，其基本内涵主要包括：(1)合作是共生现象的本质特征之一。共生城市是建立在城市之间合理分工的基础上的，城市个体在强化与其他城市的共生关系时必须重视培养自身专业化程度的提高。通过共生单元内部结构和功能的创新促进其竞争能力的提高，实现城市空间共同发展（图2-3）。(2) 共同激活、共同适应、共同发展是共生的深刻本质。城市中心通过彼此之间的物质流、知识流、信息流和交通流等功能性联结和区域资源共享，有利于提高共生城市的整体运作效率，发挥共生所带来的集聚效益。

二、网络城市

克里斯托弗·亚历山大说"城市不是一个树状结构"而是一个网络。在信息化、全球化与网络化的时代背景下，网络城市（Network City）正成为城市空间发展的新战略。

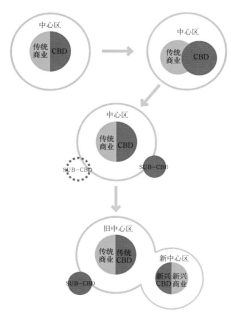

图2-3　城市共生单元的培育与多中心的形成

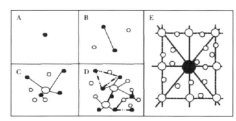

图2-4　网络城市的要素、发展与形成

网络城市特点归纳　　　　表2-1

中心地体系	网络体系
中心性	结节性
规模独立	规模中立
趋向于首位性与从属性	趋向于弹性与互补性
相似性商品与服务	个性化商品与服务
垂直可达性	水平可达性
单向流为主	双向流
运输成本	信息成本
完全竞争	价格歧视的不完全竞争

（一）概念辨析

"网络"起源于数学领域图形理论学的概念，指"用代表某种特定关系的线把若干个有等级差别的点联结在一起而形成的一种'网'状结构"。"网络城市"是伴随网络社会兴起出现的新都市形式，被城市经济学家表述为"一个由相互重叠、功能互补的子系统构成的城市系统；它同时涵盖多重空间尺度，是由物质和虚拟网络联结的相互重叠的功能地域的群体"，其强调城市与城市、城市内部各职能中心之间的联系，是覆盖城市及其周边与之互动、相互影响的一体化区域（图2-4）。

一直以来，规划界对于"网络城市"的理论表述不断推陈出新，但并没有形成统一的概念。Batten（1995）认为，网络城市是由廊道组成的复杂网络构成的城市聚合体，具有多中心的结构特征。Roberts（1999）等认为，网络化城市或整合型大都市是一种基于公共交通、通信网络发展的多中心都市形态，传统的城市中心与郊区和边缘专业化发展的次中心相互依赖、共同发展。汪淳、陈璐（2006）认为，网络城市指的是两个或更多的原先彼此独立、存在潜在功能互补的城市，借助快速高效的交通走廊和通信设施连接起来、彼此合作形成的富有创造力的城市集合体。Ina Klaasen（2007）对网络城市的概念进行了进一步的分析，指出网络城市是一个多节点区域，城市规划与设计需要摆脱传统的范式，遵循网络的新思维（表2-1）。

从空间属性来看，以上概念大体分为城市内部和城市区域两个层面。不同于大多停留在区域层面的关于"网络城市"的理论探索，本书囿于研究对象及问题解决思路的限定，对"网络城市"的研究与应用主要集中在城市内部层面。从自身研究视角出发，本书认为：网络城市作为一种创新型的多核心城市形态，在城市内部空间领域，指的是以物质性（交通设施网络、市政基础设施网络等）和非物质性（信息通信网络等）的网络为支撑，将相互独立、功能互补的城市中心节点紧密联系在一起，各中心彼此尽力合作、富有活力的城市区域（图2-5）。主要特征如下：

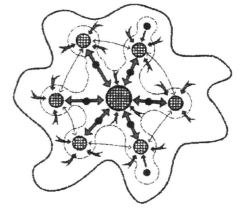

图2-5　城市内部空间层面的网络结构图示

（1）多中心，网络化。网络城市具有多中心的空间结构，在一定地域内，不同性质、不同规模的城市中心、节点之间具有密切的经济联系，且相互依赖、共同发展，形成一个多中心有机网络整体。其空间组织不同于中心地等级模式，而是更加扁平化、更具灵活性的网络型空间组织。

（2）分工与协作。网络城市是围绕多个职能中心，协调分工、和谐运作的城市性功能整体。每个中心都应该具备相对独立的产业体系、完备的城市功能和专业化的发展方向，通过功能整合、有机联系实现区域整体的协调发展。

（3）开放性、动态性。在网络化的空间过程中，各中心节点可以平等地分享和参与地方网络，同时与更大空间尺度的区域网络或全球网络相联结。由于人才、信息、资本的聚集和分散，各中心、节点之间的空间联系方式和强度、地域分工程度以及空间辐射范围也会处于不断变动中。同时，它还与环境有着密切的联系，能与环境相互作用，能不断向更好地适应环境的方向发展。

（二）相关研究

近年来，对"网络城市"的理论研究成为学术界的热点。作为一种新型的城市空间形态与组织，网络城市被认为是解决现代大城市空间发展问题的重要战略。无论是宏观层面的"世界城市"网络，还是中微观层面的城市网络空间，日益表现出多元融合的特征，对于指导城市空间健康、有序的发展均具有积极的借鉴意义。

Sessen认为新技术及新通信手段的发展使全球经济呈现空间扩散与全球整合相统一的趋势，强调了"联系"在世界城市网络中至关重要的地位。世界级城市研究（GaWC）小组的Taylor等人采用连锁网络模型来研究世界城市网络，通过生产性服务企业分支结构服务值的设定，构建出世界城市网络体系，即为连锁网络。Marion Rberts等关注了新技术及新通信手段对网络城市的空间与场所的影响，提出了一个多中心的网络城市构架，并解释了网络中节点的场所意义。Vartiainen（1997）认为，城市网络化是空间发展规划的新理念，可以从两个层面来理解，城市网络化是指网络城市形态和内在网络联系形成的过程；而从公共政策的层面理解，城市网络化也指地方主体相互协调、沟通与合作的过程[①]。Peter Calthorpe 和 Wiliiam Fulton 在其《区域城市——终结蔓延的规划》中，对美国大都市区蔓延的状况进行了分析，指出了区域层面上社会网络、形体网络、政策网络等的重要性，并进一步提出了区域形体、社会与经济政策设计的方法。

国内对于"网络城市"的研究刚刚起步。赵红杰等（2007）探讨了网络城市系统中节点的重要作用，提出从首位度、通达度、商品交换与通信信息化四个方面入手构建网络城市系统节点的设计思路，并以河北省环京津地区为例进行了实证研究。汪淳、陈璐（2006）认为经济全球化与知识经济迅猛发展背景下，基于快速交通、信息通信网络及范围经济的新型城市集合形态——网络城市开始形成，并从城市功能整合、支撑体系建设、功能空间组织和协调规则构建 4 个方面对苏锡常网络城市布局进行了分析。王裙、周均清（2008）从"单中心区域"与"网络城市"比较的角度提出以网络城市的概念模式优化武汉城市圈的空间格局及具体的优化策略，如培育基于互补合作的节点城市、形成重要产业廊道、加强城市双向水平联系等。程连生（1998）运用图论的观点分析了因新城数量增加所导致的城市网络的扩展及其功能的演化；根据 20 世纪 90 年代的城市网络图探讨了新城在城市网络中的作用以及城市网络对新城发展的影响。

上述世界城市、区域城市、城市内部空间等不同类型的城市网络，虽然其空间范围、政策重点有所不同，但都试图摆脱城市地域的束缚和无序蔓延的困境，寻求一种多中心协调分工、和谐运作的城市运行模式——网络城市。在城市内部层面，网络城市通过多中心空间结构，形成多中心一体化发展的网络协同效应，避免了单一中心城市蔓延导致的聚集不经济，有利于保护区域既有的生态格局、构建和谐的人地关系、改善城市的人居环境，并促进城市区域的均衡发展。其基本内涵可以理解为，就结构而言，网络城市可以看作是由物质实体（快速交通网络）与信息虚拟（信息通信网络）紧密联系在一起的多中心、多节点的网络型空间格局；就形态而言，网络城市是由彼此尽力合作、功能互补的中心节点构成的富有创造力的城市集合体；就意义而言，网络城市可以看作是未来经济、社会、环境可持续发展的一种规范化的城市空间发展策略[②]。

---

① Vzrtiainen P. Urban Networking: An Emerging Idea in Spatial Development Planning[C]. Paper.
② 张海潮. 网络城市空间及场所研究 [D]. 中南大学硕士学位论文，2010.

第二节　理念更新

改革开放以来，我国城市化进程加速发展，大规模的空间拓展与大规模的内城更新改造齐头并进，城市空间结构正在经历前所未有的深刻的革命性变化。进入 21 世纪以来，我国许多大城市、特大城市开始试图通过多中心发展模式以解决严重的"城市病"，但现实中却存在着与多中心发展模式相关的诸多疑问：为什么城市的规模一再被突破？为什么大城市大部分的新城无法吸引足够的城市人口？这些问题都亟待合理的解释。

2011 年底中国社科院发布的《社会蓝皮书：2012 年中国社会形势分析与预测》中指出中国城镇人口的比重超过 50%，这标志着我国的城市化已处于中期阶段，按照世界城市化发展进程的规律及特点，我国正处在城市化的快速推进阶段。一段时期内，城市仍将以较高的速度增长，城市人口的比重将进一步提高，城市的用地规模也将进一步扩大。

现实的问题是，与西方国家相比，我们面对着更为苛刻的物质环境和更令人焦灼的文化背景，不仅技术条件与经济基础大不一样，而且资源、环境与人口以及空间压力要远比西方国家为甚。目前，我国城市高速发展的现实语境是，城市人口有增无减、资源需求与日俱增、粗放发展亟待扭转。转变发展模式、降低发展成本已是当前一项非常迫切的任务，以"生态城市"、"紧凑城市"、"精明增长"为代表的相关理论及借鉴是充实我国城市规划理论建设的重要手段，是实现我国城市科学发展的重要途径。我国城市更需要强调城市的"生态、高效、紧凑"发展，融入经济、社会、生态、文化因素的考量，赋予共生网络空间结构贴切的现实语境，形成适合现有国情和实际的城市空间发展模式，以实现城乡之间、社会阶层之间多种关系的和谐共生，体现社会公平、资源节约、环境友好的整体协调。

一、绿色、生态发展

随着城市经济快速增长，资源和环境压力不断加剧。基于传统工业文明的城市发展模式已经难以为继，主张人与自然和谐共生的生态文明逐步成为全球的共识和时代的主题。绿色、生态发展，是建立在文明时代社会、经济、文化和技术的基础上，以实现高层次的人与自然、人与社会和谐为目标，确保经济、资源、环境健康发展，从而实现城市复合生态系统的可持续性和高效性。相关理念的提出，为我国城市提供了一个走向经济发展、社会公平、资源节约和环境优厚的良好图景。

（一）生态城市、低碳城市

生态城市（Eco-City），指趋向尽可能降低对于能源、水或是食物等必需品的需求量，也尽可能降低废热、二氧化碳、甲烷与废水的排放的城市。这一概念是在 20 世纪 70 年代联合国教科文组织发起的"人与生物圈（MAB）"计划研究过程中提出的，一经出现，立刻就受到全球的广泛关注。斯德哥尔摩人类环境会议（1972 年）后，西方发达国家将保护城市公园和绿地的活动扩展到保全自然生态环境的区域范围，并将生态学、社会学与城市规划园林绿化工作相结合，形成一系列关于"绿色城市"的理论。苏联生态城市学家杨尼坦斯基 (Yanitsky) 将生态城市看作是一种理想型的城市模式，其中技术与自然充分融合，人的创造力和生产力得到最大限度的发挥，而居民的身心健康和环境质量得到最大限度保护。理查德·罗吉斯特（Richard Register）认为生态城市是一座生态健康、与自然平衡的城市，应保留城镇社会、美学的丰富多样性，追求人类和自然的健康与活力。黄光宇教授认为，生态城市是根据生态学原理综合研究城市生态系统中人与"住所"的关系，并应用科学与技术手段协调现代城市经济系统与生物的关系，保护与合理利用一切自然资源与能源，提高人类对城市生态系统的自我调节、修复、维持和发展的能力，使人、自然、环境融为一体，互惠共生。仇保兴（2009）认为，生态城市是指有效运用具有生态特征的技术手段和文化模式，实现人工—自然生态符合系统良性运转，人与自然、人与社会可持续和谐发展的城市。总之，通过上述关于生态城市概念的阐述，可以明确："生态城市是经济、社会、环境、文化等各方面和谐统一、良性循环的城市，是自然、城市与人的发展有机融合、整体互惠的共生结构。"[①]

"生态城市"与普通意义上的现代城市相比，有着本质的不同（图 2-6）。生态城市中的"生态"，有着生态产业、生态环境和生态文化的含义，涵盖了环境污染防治、生态保护与建设、生态产业的发展（包括生态工业、生态农业、生态旅游），人居环境建设、生态文化等方面的内容。"生态城市"作为对传统的以工业文明为核心的城市化运动的反思、扬弃，体现了工业化、城市化与现代文明的交融与协调，是人类自觉克服"城市病"、从灰色文明走向绿色文明的伟大创新。它在本质上适应了城市可持续发展的内在要求，标志着城市由传统的唯经济增长模式向经济、社会、生态有机融合的复合发展模式的转变。它体现了城市发展理念中传统的人本主义向理性的人本主义的转变，反映出城市发展在认识与处理人与自然、人与人关系上取得新的突破，使城市发展不仅仅追求物质形态的发

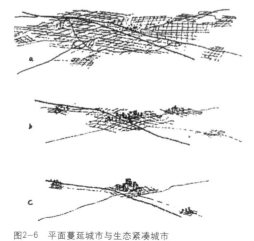

图2-6　平面蔓延城市与生态紧凑城市

① 仇保兴 . 重庆的目标：有竞争力的宜居生态城市 [J]. 城市规划，2008（9）.

展，更追求文化上、精神上的进步，即更加注重人与人、人与社会、人与自然之间的紧密联系。

低碳城市（Low-Carbon City），指以低碳经济为发展模式及方向、市民以低碳生活为理念和行为特征、政府公务管理层以低碳社会为建设标本和蓝图的城市。"低碳"一词首先出现在2008年英国政府发表的能源白皮书《我们未来的能源——创建低碳经济》的"低碳经济"概念中，这一理念的提出引起了国际社会的广泛关注（表2-2）。

低碳现已成为我国多数城市的重要发展理念 表2-2

城市或示范区	理念与发展愿景	行动措施或规划	城市或示范区	理念与发展愿景	行动措施或规划
南昌	低碳经济先行区	围绕太阳能、LED、服务外包、新能源汽车等的低碳产业定位；打造三大经济示范区	保定	绿色、低碳、新能源基地	"中国电谷"、"太阳能之城"、打造以电力技术为基础的产业和企业群
上海崇明东滩	碳中和地区	新能源、氢能电网、环保建筑、燃料电池公交	德州	低碳产业	风电装备开发，生物质发电、"中国太阳谷"
珠海	低碳经济示范区	新能源发展战略	无锡	低碳城市	低碳城市发展研究中心
重庆	低碳产业园	地热能利用，将建设低碳研究院	杭州	低碳产业、低碳城市	公共自行车项目，低碳科技馆
天津	中新天津生态城	绿色建筑、绿色交通，新能源开发利用	厦门	低碳城市	LED照明，太阳能建筑，能源博物馆
苏州	低碳示范产业园	以节能环保为核心的产业升级	贵阳	生态城市	生态低碳避暑社区
北京CBD东扩	低碳商务区	绿色能源利用，建筑实行低碳标准，发展环行有轨电车、打造国际金融文化传媒中心	吉林	低碳示范区	探索重工业城市的结构调整战略
四川	低碳重建	彭州"低碳生态乡村"			

根据世界自然基金会（WWF）的定义，低碳城市是指在经济高速发展的前提下，保持能源消耗和二氧化碳的排放处于较低水平的城市。中国科学院可持续发展战略研究组提出低碳城市是以城市空间为载体发展低碳经济，实施绿色交通，兴建绿色建筑，转变居民消费观念，创造低碳技术，从而达到最大限度地减少温室气体排放的城市[1]。还有学者认为低碳城市就是以低碳经济为发展模式、以低碳生活为行为特征、以低碳社会为建设目标的经济、社会、环境相互协调的可持续发展道路[2]。综合各位学者对低碳城市的理解和定义，本文认为低碳城市就是以低碳经济为发展模式及方向、以低碳生活为理念和行为特征，通过优化能源结构、节能减排、循环利用，最大限度减少温室气体排放，建立资源节约型、环境友好型的城市发展模式。低碳城市具有经济性、安全性、系统性、动态性、区域性特征[3]。

---

① 中国科学院可持续发展战略研究组. 2009 年中国可持续发展战略报告 [R]. 北京：科学出版社，2009.
② 网络：什么是低碳城市？[OL]. 21 世纪网，2010.9.27.
③ 袁晓玲等. 中国低碳城市的实践与体系构建 [J]. 城市发展研究，2010（5），另，陈国伟. 低碳城市研究理论与实践初探.

生态城市与低碳城市在核心思想上都是关注人类和环境的关系问题，低碳城市强调的是城市运行全过程的低碳化，重点应对全球尺度的环境问题；生态城市重点关注自然和人居环境的"和谐"和"共生"[①]。它们建立在人类对人与自然的关系更深刻认识基础上，以绿色建筑、绿色交通、绿色基础设施和循环经济等为标志，以建立其高效、和谐、健康、可持续发展人类聚居环境为目标的全新城市发展模式[②]。

（二）绿道、绿道网

绿道（Greenway），是一种线形绿色开敞空间，其概念源于查理斯·莱托（Charles Little）在其经典著作《美国的绿道》（Greenway for American）中所下的定义：指沿着河滨、溪谷、山脊线等自然走廊，或是沿着用作游憩活动的废弃铁路线、沟渠、风景道路等人工走廊所建立的线型开敞空间，包括所有可供行人和骑车者进入的自然景观线路和人工景观线路（图2-7）。大多数文献认为，绿道思想的源头可以追溯到奥姆斯特德（Frederick Law Olmsted）和他1867年所完成著名的波士顿公园系统规划（Boston Park System）。该规划将富兰克林公园（Franklin Park）通过阿诺德公园（Arnold Park）、牙买加公园（Jamaica Park）和波士顿公园（Boston Garden）以及其他的绿地系统联系起来。其后，Charles Eliot 扩展了他的思想，将其绿色网络延伸到整个波士顿大都市区。

绿道网（Greenway Network）则是指由众多省立绿道、城市绿道和社区绿道组成的网络，通过连接主要的公园、自然保护区、风景名胜区、历史古迹和城乡居民聚居区等，兼具生态保育、休闲游憩、保护历史文化遗产和科研教育等多种功能，是一种能将生态保护、改善民生和经济发展完美结合的有效载体（图2-8）。其概念源于 Ahern 在文献综述和美国经验的基础上对

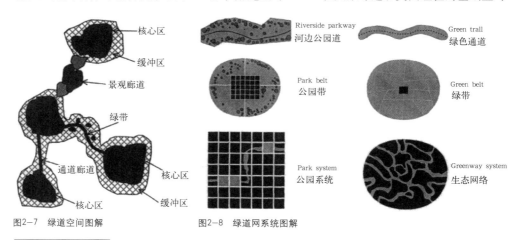

图2-7　绿道空间图解　　　图2-8　绿道网系统图解

---

① 颜文涛，王正等．低碳生态城市规划指标及实施途径［J］．城市规划学刊，2011（3）.
② 仇保兴．城市发展战略［J］．城市规划通讯，2009（9）.

绿道内涵的拓展：①绿道的空间结构是线性的；②连接是绿道的最主要特征；③绿道是多功能的包括生态、文化、社会和审美功能；④绿道是可持续的，是自然保护和经济发展的平衡；⑤绿道是一个完整线性系统的特定空间战略。

现代城市中，由于城市的快速蔓延，城市中的人工绿化隔离带难以发挥应有的作用，绿道和绿道网可以将单个公园的建设依托一些线性要素（如城市河流、文化线路、道路系统等）纳入到绿道系统当中，使各个公园的生态效益、游憩效益和历史文化效益得以更好的发挥。绿道网建设有利于完善城市自然生态系统的结构和功能，维护城市生态安全格局；有利于保护和发掘城市特有的历史文化资源，形成鲜明的城市特色；有利于改善城市人居环境，提高城市宜居水平，提高城市的品位。

（三）绿色交通体系

绿色交通体系（Green-Transport Hierarchy），指主张城市中交通方式的地位和发展优先级应按照以人为本的原则进行排序，依次为步行、自行车、公共交通、合乘小汽车、单独驾驶小汽车的出行交通体系，由克里斯·布拉德肖（Chris Bradshaw）于1994年提出。按照布拉德肖的观点，构建绿色交通体系对减少城市环境污染、增进社会和谐、节省城市运行成本等方面会起到积极作用。我国在20世纪末引入绿色交通理念，2000年后开始进行广泛研究和实践。"绿色"交通出行是一种全新的理念，是基于可持续发展的交通观念所提出和发展的，旨在缓解交通堵塞、降低环境污染、促进资源合理利用，满足城市环境、经济和社会可持续发展要求的和谐式交通运输系统。它立足于环保，以节约能源、提高交通效率为出发点，建立维持城市可持续发展的交通体系。其具有以下基本特征：①能够以最少的社会成本实现最大的交通效率；②与城市环境相协调；③与城市的土地使用模式相适应；④多种交通方式共存、优势互补（图2-9）。

现代城市应发展"绿色"交通，重

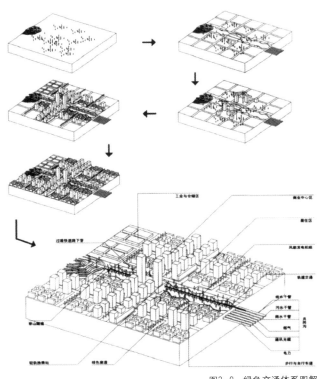

图2-9 绿色交通体系图解

视交通模式和土地使用模式的相互配合，构建城市交通网络，改变城市单一中心的布局结构，形成多中心（卫星城镇、分散组团）集约化土地资源利用的空间布局，摈弃城市功能发展单一、工作、居住、娱乐各居一端的弊病，减少跨区域性交通生成量，严格控制城市无限制地向外扩展，使其向紧凑型都市发展，使包括交通在内的基础设施发挥最大效应，最大限度地减少交通的能源消耗。

二、创新、智慧发展

（一）智慧城市

"智慧城市（Smart City）"，是指运用先进的信息和通信技术，将人、商业、运输、通信、水和能源等城市运行的各个核心系统整合起来，从而使整个城市作为一个宏大的"系统之系统"，以一种更智慧的方式运行，进而为城市中的人创造更美好的生活，促进城市的和谐、可持续的成长，其概念最早衍生于 2008 年 IBM 推出的"智慧地球"。美国学者 Andrea Caragliu 认为智慧城市是通过参与式治理，对人力资本、社会资本、传统和现代的通信基础设施进行投资，促进经济的可持续增长、提高居民生活质量以及对自然资源明智的管理。中国科学院、中国工程院院士李德仁教授认为，智慧城市的内涵是将数字城市、物联网与云计算三个概念的融合；智慧城市是城市全面数字化基础之上建立的可视化和可量测的智能化城市管理与运营，包括城市的信息数据基础设施以及在此基础上建立网络化的城市信息管理平台与综合决策支撑平台。随着现代信息通信技术的发展和城市化进程的加速，城市在社会发展中的主体地位凸显，"智慧城市"作为城市治理领域的一种新路径，被世界上许多国家和地区所接受，并开始逐步推进"智慧城市"的建设战略。

智慧城市正在成为城市发展的一种理念、模式、创新和目标。建设智慧城市不仅是治理城市问题和城市病的内在需求，更是主动实现城市跨越式和创新式发展的难得机遇。它可以激发科技创新、转变经济增长方式、推进产业转型升级和经济结构调整，转变政府的行为方式、提高政府的效率，也有利于提高城市管理水平、提升城市的综合竞争力，使城市运行更安全、高效、便捷、绿色、和谐。智慧城市通过将城市空间信息基础设施与城市空间设施等结合，加强城市规划、建设和管理的新模式，实现现代城市治理理念的创新。2012 年我国开始开展国家智慧城市试点工作，具体从保障体系与基础设施、智慧建设与宜居、城市功能提升、智慧管理与服务、智慧产业与经济多个方面构建了智慧城市的指标体系。目前包括上海、武汉在内的多个城市正通过积极开展智慧城市建设，以建设"智能化、信息化、网络化的智慧城市"为目标，以智能制造为特色，以产用互动为路径，解决转型发展、民生保障、城市运行等方面的问题，提升城市管理能力和服务水平。

（二）城市应急联动系统

城市应急联动系统（IEMS），即综合各种城市应急服务资源，采用统一的号码，用于紧急事件的公众报告和紧急求助，统一接警，统一指挥，联合行动，为市民提供相应的紧急救援服务，为城市的公共安全提供强有力的保障系统。现代城市具有人口高度密集、流动性强、建筑密集、经济要素高度积聚，政治、文化及国际交往活动频繁等特征。任何一个公共突发事件的发生都可能造成巨大的人员和经济损失，危机处置不当，甚至在国内、国际产生比较大的影响，可能威胁到城市的安全稳定。如何提高城市的应急反应能力，是现代城市面临的一大挑战。

国外应急联动系统的历史可以追溯到1937年，英国首先使用999作为报警特服号码。随后，美国的911，瑞典、比利时的900，欧共体的112等城市报警求助和应急系统均是在适应城市现代化发展的过程中逐步建立和完善起来的。随着技术的进步，现代城市将GIS地理信息系统、移动通信系统等多种系统融合到应急联动系统中，并启用最新的人工智能技术及信息资源搜索引擎来加强分析信息资源、增强辅助决策功能和多部门的协调合作功能。

城市应急联动系统是现代城市管理的重要组成部分。它对影响城市各项功能正常发挥、危害城市生态系统平衡、破坏城市公共安全的威胁因素起到预警、制约以至根除的作用。通过对现有各应急系统的整合与完善，建立统一的应急指挥调度平台，形成智能化的应急网络体系，处理城市各类特殊、突发、紧急事件及向公众提供社会紧急救助服务，为城市构建一张全面的应急预警和处理"安全网"，完善城市各级政府对突发公共紧急事件（如流行病、恶性案件、灾害事故）应急反应机制（王霞，2010）。

三、紧凑、精明发展

（一）紧凑城市

紧凑城市（Compact City），是指在城市规划建设中主张以紧凑的城市形态来有效遏制城市蔓延，保护郊区开敞空间，减少能源消耗，并为人们创造多样化、充满活力的城市生活的规划理论。它最早的积极倡导者是欧洲共同体，其理论构想在很大程度上受到了许多欧洲历史名城的高度密集发展模式的启发。紧凑城市的概念首先由George B.Dantzig和Thomas ISaaty于1973年在其出版的专著《紧凑城市——一种可持续发展的城市形态》中提出。欧共体委员会（CEC）1990年发布《城市环境绿皮书》，再次提出这一概念，并将其作为"一种解决居住和环境问题的途径"，认为它是一种符合可持续发展要求的城市结构。它反对城市无控制的蔓延和无节制

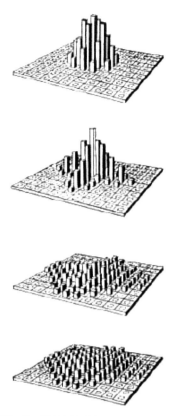

图2-10 紧凑城市图解

的浪费，强调对资源的集约利用，其核心思想是城市采取紧凑、集中的布局模式，通过对集中设置的公共设施的可持续性的综合利用，如改善公共交通设施、降低公路噪声、提倡步行及使用非机动车等，减少对机动车的依赖，提倡公共交通和步行，节约资源消耗，以实现城市的可持续发展。之后，规划领域对紧缩型城市逐渐达成一些共识，即紧凑型城市是高密度的、功能混用的城市形态。它的优点在于对乡村的保护、出行较少依靠小汽车、减少能源的消耗、支持公共交通和步行、自行车出行、对公共服务设施有更好的可及性、对市政设施和基础设施供给的有效利用、城市中心的重生和复兴。紧凑城市理论主要提倡以下三个观点：高密度开发、混合的土地利用和优先发展公共交通（图2-10）。

（1）高密度开发

紧凑城市理论主张采用高密度的城市土地利用开发模式，一方面可以在很大程度上遏制城市蔓延，从而保护郊区的开敞空间免遭开发。另一方面，可以有效缩短交通距离，降低人们对小汽车的依赖，鼓励步行和自行车出行，从而降低能源消耗，减少废气排放乃至抑制全球变暖。另外，高密度的城市开发可以在有限的城市范围内容纳更多的城市活动，提高公共服务设施的利用效率，减少城市基础设施建设的投入。对于未来的空间发展，理性的选择就是通过对城市各组成部分进行集中开发，从城市功能的集中上获取环境、社会和全球可持续利益，构筑较为舒展有序，而又紧凑的多中心网络布局。

（2）混合的土地利用

紧凑城市理论提倡适度混合的城市土地利用，认为将居住用地与工作用地、休闲娱乐、公共服务设施用地等混合布局，可以减少不同功能活动的区位分离带来的交通出行次数与出行距离，从而减少钟摆式交通引发的能耗和污染，有利于改善生态环境，提高整体人居质量。另外，功能的适度混合，促使人口和经济的集中，在一定地域范围内形成高密度的人口和高强度的经济活动，有利于造就丰富多彩的市民生活。大量人流因不同目的汇聚于此，复合的城市功能、风格迥异的建筑以及它们之间因相互作用所产生的新的"增长点"，激发了城市多样性的生长，有助于形成一个有活力和强大吸引力的城市聚集地。

（3）优先发展公共交通

紧凑城市理论认为，城市的低密度开发使人们的交通需求上升、通勤距离增大，在出行方式上过度依赖小汽车，从而导致汽车尾气排放过多。紧凑的空间布局依赖于城市公共交通的普及，将各个城市组团联系成为以步行为主的相对独立的经济聚集中心，这样既能方便居民的生活又能提高城市公共交通的使用效率，达到节约用地、减少能源消耗的目的。因此，该理论强调要优先发展公共交通，创建一个方便、快捷的城市公共交通系统，从而降低对小汽车的依赖，减少尾气排放，改善城市环境。

在我国，紧凑城市理念在城市规划中的应用主要体现在节约和集约利用土地资源、集中布局城市功能要素、加强城市空间增长管理、促进城市土地的高密度、混合利用、加强城市规划管理等。"紧凑城市"并不限于对土地的节约，实际上属于一种集约化的城市发展方式，包括对能源、时间等的集约利用，以实现城市的可持续发展。

（二）有机集中

有机集中（Organic Concentration），是指城市空间按经济原则、生态原则、文化原则加以组合，形成有机秩序并集聚在某一地域范围，人与社会、自然、生态三位一体的有机联系的空间整合。城市空间结构演化中，集中和分散作为两种机制共同作用于城市空间，它通过城市经济、政治、社会文化、生态等诸多要素，形成地域空间上的集中或分散结构，并由此产生相应的形态；两种力量的对立和统一使城市空间结构的演化在集中与分散的均衡与不均衡过程中趋于某种"和谐"，空间的自组织与组织将使空间结构的演化产生"有机秩序"。

"集中与分散的相互对立正是它存在的理由，明白了集中的原因，就能从简单的逻辑中，找出分散的理由。"有机集中理论源于伊利尔·沙里宁（E.Saarinen）的有机疏散理论（Theory of Organic Decentralization）。1918年，在编制大赫尔辛基规划的过程中，沙里宁主张将并拢的手指伸展分开的规划布局，通过"对日常活动进行功能性的集中"和"对集中点进行有机的分散"使城市密集地区得到有机疏散，使城市空间重新获得"有机秩序"。"有机疏散"思想通过功能组织的分化和重构，将高度集中的单中心结构转化为若干功能相对明确、生活相对独立、空间相对分离的组团或多核结构。这种分散思想实际上并不主张真正的分散，而只是将有问题的集中通过分散的办法加以解决，以便恢复其有机秩序。它所表达的是一种比原来更大空间尺度的集中与城市内部一定尺度的分散的结合，也就是集中前提下的分散以及分散后的紧凑和集中的辩证思想。沙里宁在生态原则下有机地组合城市，使城市空间在扩大了的地域中，仍能保持空间的紧凑和和谐，并更好地与自然环境协调。有机疏散的理论建立在城市空间适

● 功能区　○ 用地扩展
▲ 开放生态空间

图2-11　有机集中图解

度集中的基础之上，其核心是一种"有机集中"的思想。有机集中理论对我国城市面临的功能复杂化、中心区衰退、交通拥堵等问题，有着重要的启示（图2-11）。

（1）城市空间结构以各种组团方式存在并相互联系，形成有机结构网络。

（2）城市空间结构簇状布局，蛙跳式伸展，避免与克服传统城市核心与边缘过大的密度差距。同时防止沿轴线延绵伸展扩张的弊病，谨慎处理空间联系与空间间隔的空间尺度比例。

（3）城市各中心之间有足够的开敞空间，由湖泊、绿地、森林、公园、文化体育休闲空间等形成不同功能、不同内容的开放空间，使开放空间布局与社会经济及居住空间布局有机联系。

（4）城市各中心结构实行单一功能向多功能、混合功能的转化。围绕某一地区的主导功能，合理发展配套产业，进行功能性集中，以确保该地区城市生活的丰富多彩。

（5）将高速交通与城市中心相结合，形成畅通发达的公共交通网络，提高公共交通的出行率，对"日常活动进行有机的分散"，更好地实现城市空间结构和功能的调整。在城市中心和各新城内部营造良好的步行和自行车环境，使得人们的"日常活动"可以在步行尺度空间内完成。

（三）新城市主义、精明增长

"新城市主义"（New Urbanism），也称"新都市主义"。思想形成于20世纪80年代，主要针对城市郊区无序蔓延带来的诸如城市空心化，城市结构、城市文脉、人际关系、邻里和住区结构被打破，都市感淡化以及过分依赖汽车等城市问题而提出的一种新的城市规划和设计指导思想。新城市主义主张创造和重建丰富多样的、适于步行的、紧凑的、混合使用的社区，对建筑环境进行重新整合，形成完善的都市、城镇、乡村及邻里单元。新城市主义理论主要包含以下十个观点：

（1）适宜步行的邻里环境。大多数日常需求都在离家或者工作地点5~10分钟的步行环境内完成。

（2）连通性。网格式相互连通的街道成网络结构分布，疏解交通。高质量的步行网络以及公共空间使得步行更舒适，愉快、有趣。

（3）功能混合。商店、办公楼、公寓、住宅、娱乐、教育设施混合，邻里、街道和建筑内部的功能混合。

（4）多样化的住宅。不同类型、使用期限、尺寸和价格的各类住宅集中。

（5）高质量的建筑和城市设计。强调美学和人的舒适感，创造一种区域感。通过人性化建筑结构和优雅的周边环境给人特别的精神享受。

（6）传统的邻里结构。可辨别的中心和边界。

（7）高密度。更多的建筑、住宅、商店和服务设施集中在一起，鼓励步行，促进更加有效地利用资源和节约时间。

（8）精明的交通体系。高效铁路网将城镇连接在一起。适宜步行的设计理念鼓励人们步行或大量使用自行车等作为日常交通工具。

（9）可持续发展。社区的开发和运转对环境的影响达到最低程度。减少对有限土地资源和燃料的使用，多用当地产品。

（10）追求高生活质量。

"精明增长"（Smart Growth）理念同样基于控制城市蔓延、实现土地的集约利用，由环境学者和城市规划师针对美国几十年来的城市蔓延所带来的一系列弊端而提出，指"通过紧凑型社区，充分发挥已有基础设施的效力，提供更多样化的交通和住房选择来努力控制城市蔓延的一种城市增长政策"。2000年，美国规划协会联合60家公共团体组成了"美国精明增长联盟"（Smart Growth America），确定精明增长的核心内容是：用足城市存量空间，减少盲目扩张；加强对现有社区的重建，重新开发废弃、污染工业用地，以节约基础设施和公共服务成本；城市建设相对集中，密集组团，生活和就业单元尽量拉近距离，减少基础设施、房屋建设和使用成本。D·Gregg Doyle 对精明增长管理的主要目标进行了分类，并将其概括为"4C"：①对一些超越地方范畴的问题进行区域性协调（Coordination）并提出解决措施；②通过限制（Containment）服务区范围提高能源、公用和市政设施的效率；③保护（Conservation）大城市边缘区及其附近的开敞空间及其他资源；④城市社区（Community）的经济、再开发、城市形态以及生活质量等。作为应对城市蔓延的产物，精明增长并没有确切的定义，不同的组织对其有不同的理解。总的来说，精明增长是一种在提高土地利用效率的基础上控制城市扩张、保护生态环境、服务于经济发展、促进城乡协调发展和人们生活质量提高的发展模式。

精明增长是一种高效、集约、紧凑的城市发展模式。城市增长的"精明"主要体现于两个方面：一是增长的效益，有效的增长应该是服从市场经济规律、自然生态条件以及人们生活习惯的增长，城市的发展不但能繁荣经济，还能保护环境和提高人们的生活质量；二是容纳城市增长的途径，按其优先考虑的顺序依次为：现有城区的再利用—基础设施完善、生态环境许可的区域内熟地开发—生态环境许可的其他区域内生地开发。通过土地开发的时空顺序控制，将城市边缘带农田的发展压力转移到城市或基础设施完善的相邻城市区域。

在我国，新城市主义理论和精明增长理论的借鉴意义在于（图2-12）：

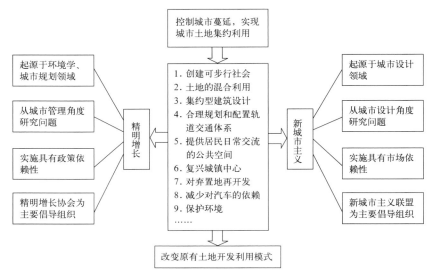

图2-12　新城市主义和精明增长对我国城市空间发展的意义

（1）重视区域规划，强调从区域整体的高度看待和解决问题；以人为中心，强调建成环境的宜人以及对人类社会生活的支持；尊重历史与自然，强调规划设计与自然、人文、历史环境的和谐。

（2）追求多样性，倡导土地的混合利用，以便在城市中通过自行车或步行能够便捷地到达任何商业、居住、娱乐、教育场所等；强调减少交通、能源需求以及环境污染来保证生活品质，提供多样化的交通选择，保证步行、自行车和公共交通间的连通性，寻求较为紧凑、集中、高效的发展模式。

（3）致力于可持续发展，强调对现有社区的改建和对现有设施的利用，提高已开发土地和基础设施的利用率，降低城市边缘地区的发展压力；限制城市边界，建设紧凑型城市，建立城市发展的生态极限，实现城市的生长性、多样性、共生性、地域性等。

（四）TOD

TOD（Transit Oriented Development）是指"以公共交通为导向的发展模式"，是一种需求抑制型或需求诱导型的交通供给和土地开发策略。它强调土地综合利用和集约化发展、提倡以公共交通为主要交通方式、鼓励土地利用与公共交通系统紧密结合。TOD的理念产生于20世纪 80 年代，由美国设计师彼得·卡尔索普（Peter Calthorpe）在其著作《下一个美国都市：生态、社区和美国梦》中被首次提出（表 2-3）。

TOD概念阐述　　　　　　　　　　　　　　　表2-3

作者	含义阐述
Peter Calthorpe	TOD是一种土地混合使用的社区，社区边界距离中心的公交车站和商业设施大约1/4英里（约400m），适合步行交通。社区的设计、布局强调创造良好的步行环境，同时客观上起到鼓励公共交通的作用。
Robert Cervero	TOD是紧凑布局的、功能混合的社区，以一个公交车站为社区中心，通过合理设计，鼓励人们较少使用汽车，更多乘坐公共交通。社区以公交车站为中心向外延伸大约1/4英里（约400m），位于社区中心的是公交车站及环绕在其周围的公共设施和公众空间。
Maryland Department of Transportation	TOD具有相对较高的发展密度，将居住、就业、商业以及公共设施等功能混合于一个大型常规公交或轨道交通车站周边步行易达的范围内。偏重于步行和自行车交通的设计原则，同时允许汽车交通。
California Department of Transportation	TOD是适中或更高密度的土地利用，将居住、就业、商业混合布置于一个大型公交车站周边步行易达的范围内，鼓励步行交通，同时不排斥汽车交通，以有利于公共交通的使用为设计原则。

　　TOD 模式的思想从提出到被普遍接受，经历了一个较长的过程。在 TOD 被提出的初期，世人普遍认为它是针对传统蔓延式的发展而提出的大胆假设，渐渐地它作为一种特殊而真实的房地产开发模式为人们所接受，逐渐成为城市发展的主流思想。在其提出之前，许多发达国家的城市发展都是以低密度的蔓延和依靠小汽车的交通方式为特征的，这种土地利用和交通政策的发展模式导致交通堵塞、长距离的通勤、空气污染和内城衰退等问题。TOD 为解决这种矛盾提供了新思路，许多国家开始尝试使用 TOD 策略作为规划模式，首先在欧美国家被推行。随后亚洲和拉丁美洲也对 TOD 模式进行了研究和尝试（华晓烨，2007）。

　　在我国，自 2002 年陈燕萍等开始引入介绍 TOD 理论并进行公交社区的相关应用研究。同时在建设部相关文件和实际的城市规划编制中也开始出现 TOD 的相关表述，并提出"建立以公共交通为导向的城市发展和土地配置模式"。从 TOD 的理论形成和发展内涵来看，"TOD 理论不是交通工程或者狭义的交通规划理论而是一个逐步完整的城市发展模式范畴"，该理论涵盖了从区域、城市到社区的多个层面，不仅注重功能结构、土地使用和交通、住房、就业以及社区发展的整合，也同等重视从空间设计模式语言到街道、公共空间、场所的城市设计范畴。

　　我国人口众多，大、中城市的人口密度远远高于西方国家的绝大多数城市，城市形态长期维持着历史上单一中心的密集发展模式。由于 TOD 在土地利用、环境保护、缓解交通拥堵、促进城市综合发展等方面体现出来的强大优势，其发展成为解决我国目前交通问题及实现城

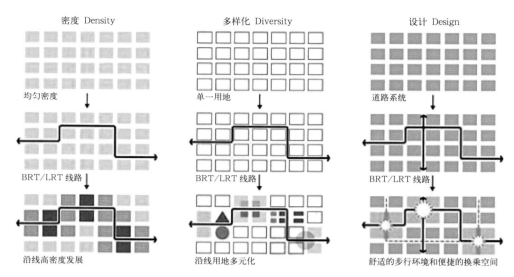

图2-13 TOD规划理念对城市空间及土地利用领域的应用

市绿色可持续发展的有效途径。在我国的一些大中型城市如北京、深圳、上海、西安、福州及南京等，城市规划者已经开始研究 TOD 模式，并根据各个城市的不同发展程度及交通状况，开展了进一步的应用（图 2-13）。在实施 TOD 过程中不断保持和提高城市活力，充分利用城市的空间资源、优化都市发展区空间结构、节约用地、努力做好城市三维空间的立体开发，解决中心城区高密度疏解、扩充基础设施容量、达到人车立体分流、节约土地资源等问题，使城市形态逐渐向结构优化、布局合理的组团形式发展，创造开阖有致的城市空间、阻隔建设用地的无限扩张。

第三节　实证引介

20 世纪 80 年代后，随着国际经济一体化程度的加深、信息网络化技术的普及、市场专门化及技术服务业集中化等新的因素影响，城市形态结构的演变变得更加扑朔迷离。以多层次、多功能的网络化结构来指引未来城市的空间发展，通过彼此尽力合作、功能互补的公共中心节点构成的富有创造力的城市集合体，强调与城市丰富文化、多元建筑形态、生态环境的密切联系和互动，将成为未来城市经济、社会、环境可持续发展的一种规范化的空间策略。共生网络城市的生长是一个动态发展的实践过程，近年来，国内外一些大城市尤其是欧洲城市开展了大量的研究和实践。虽然其研究角度和侧重点不同，但是对于济南城市空间发展和多中心空间体系研究具有重要的借鉴意义。

一、欧洲瑞典关于"共生城市"的建设

瑞典的"共生城市"建设开始于20世纪90年代。其中比较著名的有位于斯德哥尔摩城区东南部的哈默比湖城。该地区曾是城市边缘的一处小型工业区，位于斯德哥尔摩中心城区的东南边缘，是近年来依循可持续发展思路进行整体开发的新型城镇。17世纪以来，这里作为工业区和码头区，曾经历了一个长期演化和无序扩张的过程，并为日后的开发留下不少的产业遗存和制约条件；但另一方面，山环水绕的自然属性，也为其基础设施，城镇规划建筑设计总体形态的塑造提供了独特的外部优势。

20世纪末，以1990年规划蓝图为基础，以申奥为动力和契机，斯德哥尔摩市政府、Nacka区政府、国家道路管理部门、斯德哥尔摩运输公司，地区规划和城市交通运输部门揭开了全面合作的序幕。斯德哥尔摩市政府以"共生城市"为规划理念，对该地区进行改造。哈默比湖城的建设以水为主题，实现中心城区的自然延伸，同时将历史上的老工业区和码头区整合一体，以打造一个具有良好建筑艺术环境的现代化，生态型新城镇。哈默比湖城为未来城市揭示了共生网络体系构建的几个要点。

（一）基于生态技术高效应用的发展模式

湖城所在地区至20世纪末实施整顿和开发时，严重污染的自然环境和大片低劣的工业设施面临全面彻底的净化清理和拆迁改建。斯德哥尔摩由城市环境管理局和健康管理局出面，组织清理和净化了这一地区，满足了当地摆脱健康和环境威胁的内在需求。在遵循1996年批准的环境规划的基础上，将该城进一步打造为人居环境生态建构的先锋案例，用来探究一种试验性开发项目的新思路和创新性。在此基础上，它聚集于环境主题和基础设施方面，拟定了一系列的规划和操作程序，即"哈默比湖模式"（图2-14）。其基本原则如下：

（1）环境目标的实现应依托于现有实用的技术；

（2）该模式的循环利用流程应尽可能地就地封闭、形成系统；

（3）能源和自然资源的消耗应操持最低程度，并最大可能地引入可再生资源和能源；

（4）鼓励废弃热能和可再生能源的使用；

（5）纯净水的使用应降至最低程度；

（6）建筑材料应该采用那些对环境和健康影响小的物质；

（7）土地应当从污染物中清理出来，以消除对健康的不良影响；

（8）以小汽车为主导的交通运输方式应消减至最低程度；

（9）规划应该同本地区的人居需求相适应，并激发居民的社会意识和生态责任，要重视本

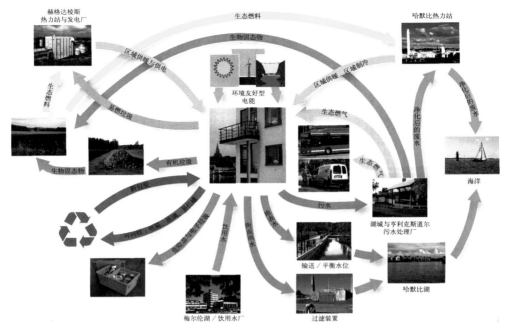

图2-14　哈默比湖模式图解

地居民的相关约定与承诺。

　　该模式的各组成部分相互关联、多向转化，共同构成了一个自我循环的完整系统，揭示出污水排放，废物处理与能源提供之间的互动关系及其所带来的社会效益。正是这种基于生态技术高效应用的发展模式，使得城市中高效资源共享、城市与生态环境协同发展成为现实。

　　城市中建有封闭式全自动地下废物收集系统，由垃圾焚烧和废水余热回收的能源用于城区采暖。市民的生活污水和废弃物经处理后能产生沼气，为汽车提供了燃料。此外，污水和食品垃圾中的植物养分代替了农业化学肥料。工业生产的余热，与太阳能、风能等清洁能源一起，又为居民住宅和办公楼提供了能源。哈默比湖城还有一套降水收集网络与污水管网分离的系统，能直接处理雨水、雪水，或渗入地下，或被导入运河和海中。此外，有别于其他城市，这里还有一条人优先于任何交通工具的原则，即允许使用小汽车，但步行和公共交通无疑是"共生城市"中最方便的出行方式。数据显示，于2000年建成的哈默比湖城一期工程，经综合评估，其在环境保护方面的性能比一般城市提升了一倍。

　　（二）强调多元要素有机组织

　　哈默比湖城作为历史上的传统工业区，工业遗存丰富。斯德哥尔摩规划局经过实地踏勘和研究论证，从各类产业遗存中挑选了一批具有特定价值和意义设施，如近代桥墩，工业厂房和码头设施、或保护、或改造、或功能置换。在工业码头区的历史遗存和自然山水之间打造新一代的湖城，其中较有代表性的当属一栋由列入保护清单的 20 世纪 30 年代工业建筑群——Luma 厂房改建而成办公楼，依山面水、空间层次丰富；另外，学校与文化馆等文化设施也是由工业设施改建而成，基本上都是在保留主体结构的前提下实行空间和功能重组，并引入现代技术与生态理念。规划强调多元要素有机组织的网络空间格局，城市由多个节点组成、多元要素紧密联系（图 2-15）。

（1）各种各样的城市"节点"相互交织构成整体

城市节点包括科技节点、体育节点、金融节点、贸易节点等，由城市节点的"紧凑型混合使用"组成合理的城市结构。"城市节点"的设计，强调行人优先于任何交通工具的原则，允许使用小汽车，但步行和公共交通是共生城市中最方便的出行方式。

（2）历史遗存和自然山水要素的有机关联

湖城直接依托于滨水空间展开设计，设置了包括码头、公园、滨水林地、栈桥步道等在内的游憩场所小品设施，甚至还在湖面上结合芦苇荡设置了海鸟的栖息地，吸引来大批鸟禽，

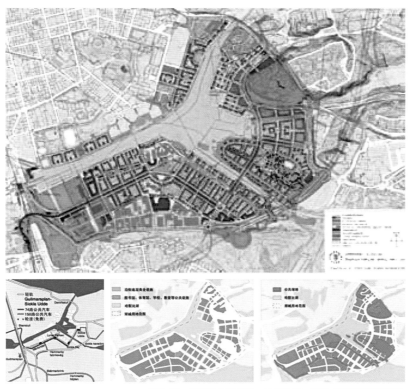

图2-15 哈默比湖城交通、公共设施、绿地水系构成网络体系

成为一处观览和休憩佳地。建筑布局越趋近于湖岸和水滨的组团，建筑高度和开发强度越低，空间尺度也越宜人，而且，相对降低的建筑密度也保证了内部空间与水域之间的畅通性。同时，主要路网、开敞空间和绿地系统在规划时均充分考虑和预留了水景的视觉通廊。

①与"水"互动：整个湖城环绕着开阔的哈默比湖面展开，并以这片"蓝眼睛"为核心要素来组织和控制周边的空间格局；

②与"山"互动：在南端结合山势建立 Nacka 自然保留区和障碍滑雪坡，还通过两座覆盖了绿化植被的跨越高速路的生态廊道，强化了不同行政区块间的绿色联系和交通可达性；

③与"绿道"串联：以迂回绵延的滨湖休闲岸线和西岸区的中央绿带（一些多功能建筑散布其间）作为整个系统建构的基本骨架，至于贯穿各主要区片的林荫大道，则在区域中发挥了主导性的交通输配和景观串接作用。

（三）网络空间格局下用地的紧凑利用

哈默比湖城虽然位于斯德哥尔摩内城的传统外围区域，但在空间形态上并未纯粹套用既有郊区模式，而是延续了老中心城区的街区式特色格局，并最终形成一种半开放式的城镇格局。

空间网络布局下鼓励紧凑的用地利用和混合的用途开发。以街区为单位的院落围合和以低、多层为主的建筑群落，较密的路网充分考虑了水景的视觉通廊，集中与分散相结合的绿地则注重宅间院落和宅前小绿地的经营以及沿主要街道设置的商业服务、文娱设施等；限控的建筑高度、多变的建筑形体、丰富阳台和阶地造型、大面积开启、板片构架、水平屋面和面水的亮灰色材质等现代建筑元素的强调应用。在这种双重特性的叠合和拼贴下，内城的街道尺度和街区生活已同当代的多元明快和阳光水岸达成了一种微妙的和谐，独具韵味而又层次丰富。

二、欧洲荷兰、英国、瑞士、丹麦关于"紧凑城市"的建设

欧洲城市由于发展历史悠久、历史遗存丰富，同时也面临着人口在城市的高速增长的问题，紧凑布局成为城市空间规划的主要依据。在城市形态上采取分散组团的模式，强调多个核心的协调发展和联系。这种城市形态避免了城市平面式的低密度扩张，取而代之的是一个个高密度的集中点。为了培育这种城市形态，很多城市重点发展分中心、建设新城，并和大运量的快速交通结合起来，将人们的生活、工作、娱乐场所集中起来布局，尽量缩短出行时间，同时各中心分散布局，中心之间以绿带相间隔。这些措施使欧洲城市向可持续的目标发展。

（一）多中心的网络结构

在世界大城市的发展过程中，明显地存在着一股将传统集中式发展与分散式发展融合起

来的网络布局趋势，如荷兰的兰斯塔德，德国的莱茵、霍尔，法国的巴黎，英国的伦敦等（图2-16）。这种网络模式主张将一个城市分成若干块，每一块之间被农田、山地、较宽的河流或铁路站场、大片森林所分割，城乡交错，有利于城市生态平衡。

荷兰推行"大分散小集中"的城市空间布局（图2-17）。将居住区、工作场所和休闲娱乐场所集中分布、尽量缩短出行距离，使得大多数出行可以通过自行车和公共交通解决，从而减少了小汽车的交通量。居住用地首先在内城里安排，其次在城市边缘，然后在更远的地方。无论居住用地在什么地方，有可供使用的公共交通是首要因素，同时结合地块特征以及使用者的需求来规划商业和休闲娱乐设施。在构筑多中心空间结构时，荷兰还从生态的角度出发，在各中心之间以河道和绿带分隔。如荷兰兰斯塔德城市群在其中心保留着一个由1600平方公里开阔的农业景观构成的"绿心"，城镇群体围绕大面积"绿心"发展，城镇空间以绿色缓冲地带相间隔，将农业景观与城市景观融为一体，构成与众不同的中心开敞式空间形态结构。

丹麦哥本哈根的城市结构是另外一种形态。它是由大型绿带穿插其中的"指状"结构（图2-18）。以交通线路为城市形态结构的基础，减少对小汽车的依赖，城市主要沿交通线路发展，保证城市任何地点到市中心都在30分钟以内，而且城市与自然的联系非常紧密。阿姆斯特丹的城市形态也属于此类，城市分为几个集中的片区，中间有绿化作为分隔。

对于这种城市空间形态可以总结为"功能集中点的分散布置"，即城市有很多城市功能中

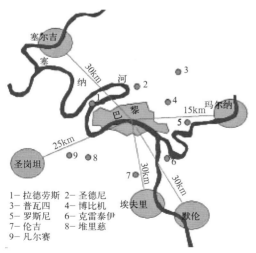

1—拉德劳斯　2—圣德尼
3—普瓦四　4—博比机
5—罗斯尼　6—克雷泰伊
7—伦吉　8—堆里慈
9—凡尔赛

图2-16　法国巴黎的网络空间结构

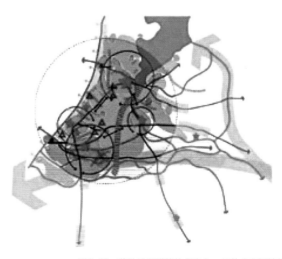

图2-17　荷兰兰斯塔德的多中心、开敞式空间结构

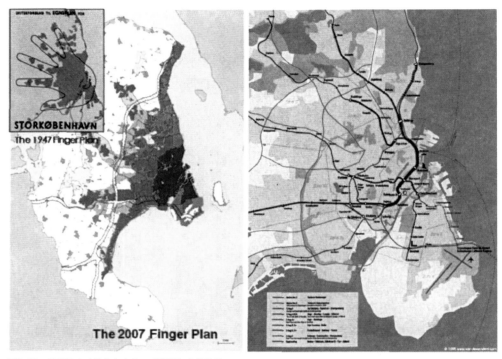

图2-18　丹麦哥本哈根的多中心、"指状"空间结构

心，这种中心是分散的，不论是星形、指状还是多核结构都属于这种形态。这就避免了城市过度集中，而且这种中心存在等级差异，分为主中心、卫星城或次中心社区中心等，形成"中心等级分布"。

（二）密集、高效的交通网络支撑

城市交通是现代城市规划的基础。城市用地布局和土地利用都依赖于其高效率的交通组织，才得以维持紧凑、高密度的城市形态。

（1）大力发展大运量、快速轨道交通建设，促进城市功能的疏解。

注重发挥公共交通运量大、所占空间少、能耗低等特点，使之成为居民出行的主要选择，并且围绕公共交通组织城市用地布局（表2-4）。欧洲城市公交系统是以轨道交通为主线的，包括：

郊快速列车：是连接中心城市、郊区和卫星城的快速大运量铁路客运系统，包括高速铁路和磁悬浮列车。最大运行速度约120公里/小时，商业运营速度（包括停站和延误的平均速度）50~90公里/小时以上。

地铁和轻轨：是大城市区公共交通的骨干系统，主要解决城市内部的客运交通，站

欧洲城市公交出行比率统计 表 2-4

所选欧洲城市	年平均每人乘小汽车里程（公里）	乘公交车占整个出行里程的百分比（%）	城市密度（人/公顷）
阿姆斯特丹	3977	17.7	48.8
斯德哥尔摩	4638	27.3	53.1
苏黎世	5197	24.2	47.1
维也纳	3964	31.6	68.3
哥本哈根	4558	17.2	28.6
伦敦	3892	29.9	42.3

距 1~2 公里，最大运营速度 100 公里 / 小时，商业运营速度 30~60 公里 / 小时，最大运力 30000~50000 人次 / 小时。

现代有轨电车：应用新技术对传统电车进行改造，提高舒适性和运营速度，满足现代生活的需要，而且建设和运行费用远低于地铁和轻轨。在大城市，有轨电车主要是作为地铁系统的补充和联系，在中小城市则是城市客运交通的骨干系统。有轨电车的最大运营速度约 90 公里 / 小时，商业运营速度 20~50 公里 / 小时，运力 12000~25000 人次 / 小时。

发展快速轨道交通，可以提高中心城区的可达性，促进城市人口、产业的疏散，并且有利于形成新的集中点，加速城市网络化结构的形成。欧洲城市轨道交通线路和站点的密度非常高，覆盖面广，使用非常方便。

（2）公共交通形成网络化布局，形式多样化，互为补充。

不同公交方式的运力、速度、站点布置方式都各不相同，发挥的作用也都不一样。因此，要最大限度地提高公共交通运输效率，就要将各种公交方式有效的结合起来。许多欧洲城市对各种公交方式在线路、运营、站点布置上都采用一体化的方式，取得了很好的效果。

苏黎世于 1990 年新建了一个区域列车系统（S-bahn），覆盖整个苏黎世州。S-bahn 系统所有的线路都和苏黎世中心火车站相交，市内和区域的联系非常紧密。同时市内的电车和公交车与火车站的联系也很方便，旅客可以很方便的在火车站换乘各种公交。而且所有的公交方式车票都是通用的，统一结算，方便乘客换乘。

阿姆斯特丹的史基浦（Schiphol）机场下就有一个车站，下飞机的乘客可以直接换乘火车。在这个车站不仅可以到达市内的主要地方，甚至可以前往布鲁塞尔和巴黎。在赫尔辛基有一种智能卡系统，可以使用各种公共交通，还可用于乘出租车、租车等。在波伦亚，其都市区铁路系统、有轨电车线路、公交车线路是彼此相连的，车站附近有小型换乘点，各种交通方式之间的转换非常方便。

在英国公交站与火车站、城市轨道交通站均紧密相结合，形成便捷的公交换乘点（枢纽）。在曼彻斯特，公交站与轻轨站相结合布置，乘客换乘十分方便。公交方式的综合利用，使各种方式可以各取所长，各补所短，形成一个等级完备的网络化公交系统，而且服务的密度和频率都大大提高，极大地方便了居民的出行，缩短交通时间，提高了城市运作效率。同时，由于公共交通服务密度的提高，使得居民点到公交站点的距离非常短，居民完全可以靠步行或骑自行车前往，客观上减少了小汽车出行的机率。

（3）限制小汽车交通

在大力发展公共交通的同时，"紧凑城市"还主张限制小汽车的使用，促使居民出行更多地选择公共交通。主要措施有：

征收高额税收：欧洲城市对小汽车拥有者征收各种绿色税收，如燃油税、碳税和其他自然资源消费税（如价值税）。另外，欧洲的油价普遍很高，以此来增大小汽车的出行费用，有效抑制对小汽车的滥用。

中心区限速：通过限速，强制削减小汽车相对其他交通方式的优势，增加公共交通的吸引力。例如慕尼黑80%以上的区域限速30公里/小时，莱登市也规定市中心车速不得超过30公里/小时。

中心区限制停车：通过限制中心区停车位的数量来限制通过中心区的交通量。在核定城区建筑配建停车设施的规模时，往往是限定一个不宜突破的最大泊位数，并对所停车辆征收高额的停车费。为了减少入城交通量，城市在郊区配备有小汽车——公交的转换系统（Park+Ride系统），这个系统让外来车辆可以在郊区停车，然后坐公交车辆到城市中心，避免小汽车进入市中心而增加城市道路的负担。

此外，欧洲有些地区积极支持"合用小汽车"（Car-Sharing）协会组织的工作，该协会通过组织几家人合用一辆小汽车来达到减少小汽车使用量的目的。这样的组织由于使个人或家庭在节省了费用的同时又享受到小汽车交通的方便而受到欢迎。

由此可见，欧洲城市规划通过一系列有效的措施促使小汽车拥有者更合理地使用小汽车，从而达到减少小汽车交通的目的，这些措施成功实施的同时也有利于小汽车本身使用效率的提高。

（4）提倡步行和骑自行车

步行和骑自行车是健康、环保的出行方式，欧洲城市对其非常重视，采取各种措施予以鼓励。

首先是专用步行路和自行车道的开辟。很多欧洲城市都有专用的步行路和自行车道。在荷兰的 Hauten 城中心区的改造中，就建造了两条互相连接的环行步行区，改善了地面铺装，使之适于步行，区内禁止小汽车通行。荷兰的 Almere 市有一个完整的自行车路系统，一般位于车行道和公交专用线的下方，骑自行车出行非常方便舒适。德国的海德堡广场共设置自行车停车架 1400 多个，成为海德堡市一道奇异的景观。

其次是赋予步行和骑自行车一定的优先地位。例如在 Hauten 城，自行车道和步行路是联系市内居住和公共设施的主要方式，所有主要的公共设施如学校、体育设施和图书馆都位于自行车路网之上，而车行道却在城市外围。大部分北欧国家如挪威、丹麦、瑞典等，城市中都有免费自行车提供，市民可以随意使用。对步行和骑自行车的提倡所取得的效果是显而易见的。在荷兰，全国 2.5 公里以内的出行有 35% 是步行，40% 是骑自行车。在赫尔辛基，有 16% 的出行是步行，9% 为骑自行车。在哥本哈根，市内与市外之间的通勤有 34% 为骑自行车。高比例的步行与自行车交通明显降低了能耗，减轻了对大气的污染，同时也使道路上的车流量减少，不易发生交通堵塞。

（三）网络空间格局下用地的紧凑利用

土地的紧凑利用是塑造可持续的城市形态的重要方法之一。即城市用地没有严格的功能分区，同一块用地内包含有各种不同的功能，包括水平方向的综合和垂直方向上的综合。根据前文分析，土地的综合利用是土地集约化利用所必需的。可以充分利用土地，提高建设密度，缩短出行距离，使步行和骑自行车出行成为可能，减少对机动车的依赖，形成良好的城市环境。土地的综合利用主要是居住功能和其他功能的综合，即将服务设施和就业岗位与居住区结合，减少居民上班、购物等活动的出行距离。

目前，欧洲城市对内城的改造——"infill"，普遍重视对居住功能和其他设施的综合布置。柏林的波茨坦广场改造就包括相当数量的住宅，而 Den Hang 的 Nieuw 中心改造主要目的是办公建筑，但也包括 2150 个以上的居住单元，超过商店数量的一半。阿姆斯特丹东部港口的改造就包括 8000 套住宅。苏黎世州的 Zentrum Nerd 区改造，尽管业主最初只想建办公楼，但在政府的干预下，有 35% 的用地用于住宅建设。由于住宅距离服务设施很近，因此很多城市的中心都实行步行化或非机动车化。新区建设同样如此。在斯德哥尔摩最新的结构规划中，新区是一种混合的城市村落（Urban Village），是一种包含了商业、轻工业和居住区的综合社区。荷兰的新建居住区一般都包括商店、仓库甚至工厂。

除了用地布局外，欧洲国家还广泛采用一种建筑设计方法来达到土地的综合利用——底商住宅。这种形式在我国并不陌生。在英国和爱尔兰，有一种称为"住在商店之上"（Living Over The Shop）的计划，就利用传统的底层为商店和零售店的住宅形式来达到居住和商业功能的综合。底商住宅在荷兰和德国最为普遍。荷兰城市的中心区几乎都是商住综合的建筑。在荷兰的 Almere，其中心大街两侧的建筑均为底层是商店、餐馆，上面是公寓的多户住宅。

（四）独立、网络化的绿化体系

在很多欧洲城市中，绿地在城市用地中的比例很高，在城市发展过程中起到了两个主要作用：一是美化城市环境，改善城市生态；二是限制城市用地的扩张。而后者正是维持城市紧凑型发展的重要因素之一。

用绿地来控制城市用地扩张始于艾伯克隆比的大伦敦规划。伦敦绿带的面积相当巨大，达到 485.6 万公顷。类似的绿带在英国还有 15 条，截止到 1993 年，总面积为 182.1 公顷。这些绿带在控制城市扩张方面是很成功的，绿带边界的改动很小，只占总面积的 0.3%。

在很多其他欧洲城市中，由于其分散集中的布局，绿带一般是从野外一直渗透到城市中心，如同一个楔子打入城市内部，称为"楔形绿化"。在赫尔辛基，绿带从野外伸入到中心区，形成了生态走廊。绿带中最大的是 Keokuopuinto 中心公园，为一条绵延 11 公里不间断的绿带，横穿市中心，一直到城北部一片古老的森林，面积共计 1000 公顷。阿姆斯特丹也采取了类似的形式，在城中建成了很多大型公园，最著名的就是 BOS 公园，它和其他一些绿地组成了阿姆斯特丹最主要的绿带，将城市主要新建地区分开，在城内到达市中心，城外则和 Randstad 地区的绿心相连。在弗雷堡，城市发展规划设置了 5 个主要的绿化隔离带，城市建设沿着绿化带以外的电车轨道展开，不进入绿带内部。

由于欧洲城市对绿带的保护极为严格，因此这些楔形绿化限制了城市建设用地的扩张和混合。在荷兰的全国第四次特别报告会上，就特别强调所有城市都要保护绿地，确定其边界，以防止城市建设用地的侵占。由于城市含有大量的绿地，因此很多欧洲城市的实际建设用地占城市总用地的比率并不高。以弗雷堡为例，只有 32%，波恩森林及公园的面积为 4490 公顷，占全市总面积的 1/3；而法兰克福绿地占城市面积的 70%；维也纳 50% 的用地为绿地，8% 为森林；格拉茨 53% 的城市用地是森林和农业用地；赫尔辛基城市用地共计 10800 公顷，只有 2900 公顷用于实际建设，大部分是绿地、森林和农业用地。欧洲城市对于对城市建成区边界和绿地的保护，颁布各项城市建设与规划法律、导则等，都促进了城市的可持续发展。

三、美国城市关于"新城市主义"的实践

20 世纪 50 年代后期由于私人汽车普及、高速公路网兴建、政府郊区低税率的吸引和信息

技术的发达美国人开始大规模迁往郊区制造业和零售业也随之向外迁移导致中心区人口停止增长、城市蔓延加剧。这种发展模式引发了严重后果：城市环境品质下降，能源消耗加剧，城市建设成本增加，大都市周围农业用地与自然环境被大量吞噬，中心城区衰败郊区无限蔓延。针对这一系列问题，一批城市设计师和建筑师提出了新城市主义思想，并进行了大量包括兴建小镇、填充式社区改造和内城复兴项目等新城试验，规划设计特点是紧凑、适宜步行、功能复合、可持续性及珍视环境，其本质是可持续发展的生态主义思想。

（一）边界明确、多中心的空间形态

新城市主义认为首先承认城市增长的必然性并容许其增长，并通过控制其增长方式来限定城市"摊大饼"式的蔓延形态。城市生长应以不破坏重要的不可再生的自然资源为原则，确定中心城市的边界和确定地区的绿色空间边界，在大城市外围建设新城，以新城和城市更新代替郊区蔓延。

如西雅图的改造通过确定其增长边界来遏制城市的无序蔓延建造密集混合型、多功能复合的社区以方便生活工作制定开发高速公交连接城市中心轨道的公共交通网络等很多亮点都看得到新城市主义的影响。

（二）高效的交通网络支撑

新城市主义重视公共交通体系与土地利用的协同关系，提倡区域之间的联系通过大运量、快速、节能的公共交通或步行、自行车等方式实现以减少对小汽车的依赖进而取代无序蔓延的城市拓展模式。发展公共交通系统，提高公共基础设施和能源的利用效率，形成多中心"分散—集中"发展的城市结构。

如马里兰州的哥伦比亚（Columbia）新城，它位于华盛顿和巴尔的摩走廊的中心，通过明确设定区域性廊道、铁路、高速公路、水道、绿带、野生动物通道等作为区域内不同地方之间的联系纽带或分隔界线，同时以区域性公共交通站或大的交汇点为中心组织空间开发，形成节点状布局、整体有序的网络结构（图2-19）。新城的交通系统在考虑家庭小汽车增加的同时重视了公共交通，并采用了微型公共汽车。这种公共汽车有专用线路，穿越市中心、镇中心和就业中心，居民住宅与公共汽车站之间的距离一般不到400米，30%的居民可在3分钟之内到达站点（图2-20）。

在新城市主义理念的实践过程中，需要强调的是，由于城市规模有所不同，在某些大城市内部组团之间不会出现明显的城市隔离。也就是说各组团之间无法利用明显的绿带或者其他自然开敞空间分隔，在空间形态上似乎仍旧表现出连续发展的状态。但是这种连续发展同小汽车蔓延式发展"貌相同、质不同"，单个城市中心拆分成多个中心，采用大运量公共交通

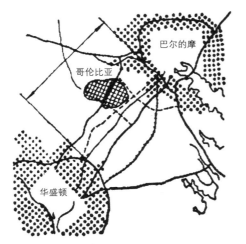

图2-19 哥伦比亚新城

图2-20 哥伦比亚新城结构图示

网络将各个城市部分联系起来，每个城市中心围绕公共交通网络形成相对独立的中心。

（三）混合、多样的空间布局形式

新城市主义理念强调混合、多样的空间布局形式。用地模式、交通体系和城市结构，这三个方面是相辅相成的统一整体。在确定了宏观层面的公共交通引导多中心布局发展和中观层面围绕各中心高密度紧凑的城市之后，鼓励围绕中心的高强度混合利用模式。在城市组团中心的开发上，建立高强度的混合利用中心，把城市或社区看作一个有机整体，在一定范围内把不同使用功能的土地均衡地组织在一起，如将居住、工作、购物、就学、宗教活动和娱乐设施等集中布局在更为方便的通勤距离内以满足人们的多种需求。通过多样化、混合化的用地布局实现城市空间结构"分散化的集中"。

如佛罗里达州的威灵顿新镇，规划9个不同的邻里单位。不同邻里围绕中心湖泊形成一个密度较大的商业核心，邻里内部布置多个商务区和零售区，并在工作区的附近布置多种类型的住宅。同时，威灵顿镇规划了多种类型的公共开放空间，中心是街区广场，小型广场广泛分布、灵活使用。大面积的湖泊水系不仅供排水用，也使规划中的开放空间网络更加完整（图2-21）。

（四）人性化、注重自然人文特色的发展模式

新城市主义强调对城市人文环境的尊重、生态要素的保护和对城市可持续发展的追求。认为应当把一个城市的历史、文化、建筑和社区等物质形式当成一个活的生命来对待，要根据它的"生命"历史和生存状态来维护它、发展它、更新它。对于城市开发中人文环境的建

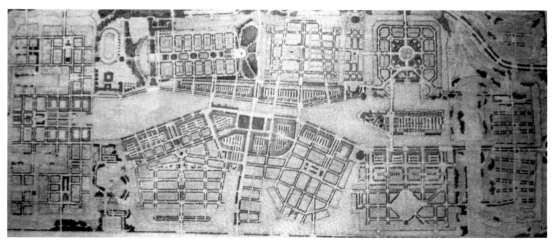

图2-21 威灵顿新镇平面示意

设、尊重历史遗存、对城市中的邻里街道基本布局应该加于修复，保持历史文化特色的传承和维持人文环境的多样性。其次现代建筑和景观的建设应该有时代精神、艺术特色和人文气息，充分展示城市的活力和文化氛围。

如里斯顿新城，由 7 个围绕人工湖的邻里单位、1 个产业带和城市中心组成，每个邻里的中心都是围绕公共广场的公寓、办公、商业混合用地。大多数居民都居住在步行距离内，形成充满活力的中心。住宅区的自然通风和采光公园和公共空间建设充分运用原始自然风景综合考虑交通和停车、饮水供水、供热和垃圾收集处理等系统的建立和完善节约能源和土地资源为居民提供高质量和舒适的生活品质。

四、国内城市关于"共生城市"、"生态城市"的实践与建设

国内对于"网络城市"、"共生城市"的研究刚刚起步。针对城市这个庞杂系统中各种物质空间的、产业经济的、社会人文的要素和它们的冲突与博弈，如何通过规划手段达成"和谐共生"，专业学者和规划师结合国外城市的实践与经验，并创造性地运用在我国城市的实践中（威尔考特 中国实践，2008）。业内公认较为成功的案例有上海崇明生态智慧岛、郑州郑东新区、江苏如皋新城、浙江上虞等。

（一）生态、高效的发展理念

上海崇明岛位于长江入海口，东临东海、西接长江，是我国沿江、沿海"T"字形经济发展的结合处。崇明陆域面积共 1411 平方公里，岛屿面积 1267 平方公里，是我国第三大岛。

2008 年，长江隧桥工程建成通车，使其与上海的联系大大增强，并成为上海辐射江苏北部腹地的最便捷通道，是上海市的北大门。

崇明岛生态本底条件优良，具有土地、湿地资源丰富、自然生态环境良好以及多样性生物资源充裕的特点。2010 年，上海市政府通过了《崇明生态岛建设纲要》，为崇明岛的生态建设提出了明确的目标和要求。按照崇明岛建设世界级生态岛的总体目标，崇明力求以科学的指标评价体系为指导，着力推进资源、环境、产业、基础设施和社会服务等领域的协调发展，把生态保护和环境建设放在更突出的位置，加强崇明项目建设、措施管理和政策配套。其中较为重要的举措为：

严格控制土地开发，保护现有自然资源禀赋。在《崇明生态岛建设纲要》中明确指出，至 2020 年崇明的建设用地比重控制在 13.1% 以内。通过在全岛内划出规划建设区，严格控制新增建设项目选址；通过开发利用新增滩涂用地，使其成为自然湿地；而针对改造规划区以外存量建设用地，通过"撤厂并点"、对旧工业用地及部分待环境整治的农村居民点，对这部分用地进行拆除或撤村并点，恢复其生态用地属性，保证了自然土地资源的合理利用（图 2-22）。

优化产业结构，推广绿色生态产业。考虑对生态环境的影响和能源消耗指数，在生态岛生态本就较为优良的地区可适当提高第一产业的比重。而在第二产业的优化和整合上，主要考虑通过推进工业聚集区和重点产业的生态化改造，促进工业企业逐步向聚集区集中，统一规划安排排污等环保设施，推行清洁生产等实现。

构建"低排放、低噪声、低耗能"的城乡交通体系。建设多方面、多层次、多功能，能适应岛内社会经济发展的现代化综合交通体系。至 2012 年，崇明公交出行比例上升至 12%，各类公交车辆达到国Ⅲ标准，车辆清洁能源使用率达到 40%。同时，崇明规划提出，至 2020 年公交出行比例要达到 22%，车辆清洁能源使用率达到 60%（图 2-23）。

引入"智慧城市"理念，建立动态监测评估体系。借助数字手段对全岛生态建设提供支持，建设涵盖土地利用，水环境、大气环境、声环境、土壤环境等各项环境质量以及水生生态系统、湿地生态系统的生态系统监测等内容的监测网络系统，开展系统全面的评价，定向向社会发布，用数字化手段反应生态指标的变化，达到监测的目的。

（二）网络化的空间布局结构

郑州是有着悠久历史的城市。1955 年，中国考古学家发现了郑州商城遗址，在 3600 年前即"为天下之中"。新中国成立后，郑州被列为中国历史文化名城，在 2004 年又被我国"古都学会"专家全票通过成为中国第八大古都。在郑东新区的规划中，日本建筑大

图2-22　崇明生态岛总体规划

图2-23　崇明生态岛数字化监测

师黑川纪章先生提出了连接新旧CBD的西南—东北城市历史、生态、商业、旅游时空发展城市中心轴线。这条轴线汇集了郑州整个城市的精华。轴线首先是历史的轴线，它连接了城市的过去和现在。既要保护历史、尊重历史，又要着重现在，还要重视将来。规划的这条轴线上既有历史的厚重：商城遗址、二七纪念塔，又有现在的核心：省委、省政府、市委、市政府、规划的新CBD、CBD副中心，又有未来的生态和可持续发展空间：龙湖、贯穿城区的金水河和熊儿河。

在郑东新区的规划中，采用了簇团式的空间结构。每一个簇团就是一个循环体系，也就是大城市中的"小城市"。每个簇团的商业、服务和行政中心沿环形公路布置，簇团与簇团之间的连接通过环形道路来实现，从而形成了一个网络结构的城市布局，实现了部分与整体的共生。

（三）多元、多要素的混合和互补

在长三角产业结构调整的背景下，作为浙东枢纽城市的上虞具有良好的发展契机。随着连接上虞与嘉兴的杭州湾第二通道即将建成，经济开发区正吸收大量的企业入驻，城北新区的建设如火如荼。针对城市面临的机遇和挑战，规划提出创造一个多元城市（Multiplex city）。多元，在于多种城市要素的和谐共生，历史与现在、工业与居住、景观与功能、生活与交通之间都能得以有机组织。规划思想的核心是创造多元城市，将曹娥江西岸建设成为一个传统文化与现代文明兼容、富足生活与优美景色共举、多种空间叠合互通、多样功能融合的共生城市。

多样功能的混合与互补。规划中通过对城市整体结构解析后发现，曹娥江以西产业快速膨胀，江东则承担生活功能，单一的功能分区使曹娥江起到阻隔两岸的作用。规划针对这个问题提出建设"功能混合的活力之城"（Mixed city），以商务为核心、服务于广袤的江西开发区，以居住为支撑体系提升人气，以商业、服务、游览为外围产业，与江东地区形成功能互补的公共混合服务区，使规划区真正成为开发区与江东地区的纽带。微观层面上通过居住—绿带—居住—混合区—居住—绿带功能叠合布置的方式，做到功能混合、活力积聚。

现代功能与传统文化的兼容。上虞拥有灿烂的文化，但在快速建设的城市中感受不到地域特征，城市环境陷入一种文化荒漠化的状态。规划提出建设"充满人文记忆之城（Memorial city），并贯彻到具体的空间处理上。比如，城市历史上三次文化盛期以广场的形式展现，六大文化脉络以公园的形式展现，通过植被、雕塑、文化墙等多种形式传达历史文化内涵。"

滨江景观与滨江功能的一体化。具有深厚的文化积淀和优越生态基础的曹娥江，长久以来被城市边缘化。规划提出建设"流畅韵律的美景城市"（Melody city），建设标志性的滨江景观，规划布置疏密有致、高低错落、簇群分明的滨江建筑群，滨江建筑轮廓线都如音符般富有韵律感。

生活空间与交通空间的和平共处。规划充分考虑交通与功能的关系，提出建设"多空间组合的休闲城市"，滨江商业空间与滨江广场有非常便捷的联系，而大流量步行交通和汽车交通在空间上分层布置，形成安全、快捷、舒适的驾车、漫步和购物环境。

第四节 济南城市空间发展及体系优化模式选择

一、思路优化

（一）由无序蔓延向交通引导转变

1972 年 6 月 5 日，联合国斯德哥尔摩第一次人类环境会议提出《只有一个地球（ONLY ONE EARTH）》的报告，指出人类面临人口、资源、环境的严峻挑战。而这个地球似乎对于亚洲、中国特别吝啬。我国的人均耕地仅 920 平方米，为世界水平的 40%。人均水资源为世界水平的 25%，人均能源为世界水平的 50%。改革开放 30 年，中国城市得到了巨大的发展，但也为此付出了土地资源的巨大代价：中国城市建设统计年报显示，截至 2006 年 10 月 31 日，全国耕地面积为 12.18 万平方公里、比上年度末净减少 3068 平方公里，全国人均耕地面积 927 平方米，逼近 12 万平方公里的红线。蔓延式的分散布局带来许多问题：城市必然造成过分依赖小汽车，城市越"跑"越远，资源短缺、环境恶化、交通拥堵等城市病接踵而来。20 世纪 90 年代末，美国人意识到低密度的城市无序蔓延带来了诸多问题，Burchell 等将"城市蔓延"（Urban Sprawl）总结为以下 8 方面：低密度的土地开发；空间分离、单一功能的土地利用；"蛙跳式"

（Leapfrog Development）或零散的扩展形态；带状商业开发（Strip Retail Development）；依赖小汽车交通的土地开发；牺牲城市中心的发展而进行城市边缘地区的开发；就业岗位分散；农业用地和开敞空间消失。在人口众多的我国，多数城市在快速城市化进程中呈现出更为严峻的问题：交通发展对空间扩展被动适应的"圈层式"蔓延发展模式，导致交通拥堵、环境污染等问题日益突出。交通导向与可达性历来是城市空间演化的重要机制，交通与土地利用的一体化互动反馈机理是城市生长、变化的重要内因，因此要从根本上解决现代城市的"城市问题"，首要任务还是在规划中落实交通与土地利用的协调关系。

交通引导发展的理论最早起源于 20 世纪 60 年代的美国。经过多年理论探索与实践总结，从早期的规划概念逐步发展到城市规划各层次的补充，交通引导发展的内涵也得到了拓展。从交通与土地利用的作用关系中可以看出，交通区位对城市空间扩展方向具有重要的指向性。城市空间集聚与交通区位之间存在着一种必然的耦合关系，这种耦合关系使得交通可达性与城市功能聚集强度相匹配发展。因此交通引导发展的基本含义就是利用交通区位的指向性来引导优化城市空间布局，而不是仅仅将交通体系看作空间发展的支撑。"城市的形成离不开它的动态部分即城市交通，脱离开这个动态部分，城市就不可能继续增加它的规模、范围和生产力"，"交通和通讯的发展决定了现代城市空间结构的形成"。城市离开了交通就不成为城市，交通是城市中各类要素——居民、物资、信息等流动的前提。人类交通方式的每一次改变都带来了城市形态的演变、城市规模的突破和城市规划理念的改变。反之，城市规划为城市交通系统提供了物质空间支撑，影响交通的发展方向、发展速度和发展规模，决定城市交通的实际效率和成败。两者之间的关系正如约翰·M·利维所说："城市交通与城市规划的关系就像鸡和蛋的关系"，处于一种始终变化的和追求平衡的互动关系中。城市交通与城市规划成功互动的案例很多：丹麦哥本哈根通过修筑指形的轨道交通线路，鼓励和引导城市在轨道交通沿线形成高密度发展，从而促进了城市的指形化演化。日本是世界上轨道交通建设最为发达的城市之一，也是轨道交通与城市空间结合成功的模式城市，东京主要的城市副中心都是依托轨道交通的支撑而形成的。莫斯科通过"环形＋放射"的轨道交通线路结构，与其"环形＋放射＋楔形绿地"的城市形态相得益彰，形成了十分便捷的综合交通系统。

济南在《济南市城市总体规划（2010–2020 年）》中将"构筑'便捷、安全、高效、生态、多元'的一体化城市综合交通体系，为城市发展创造优质的交通环境，引导、服务城市功能及空间布局结构的优化调整，促进城市全面、协调、可持续发展"作为城市综合交通发展的目标。交通引导发展的理念可以改变城市规划与交通规划脱节的现状，在此理念引导下城市交通规划改变了以往配角的身份，不再单纯作为城市规划的支撑规划，而是成为引导城市空间和功能合理布局的重要角色。具有前瞻性和综合性的交通规划理念将产生一个更有效率、紧凑发展、服务于更多人的城市空间。

（二）由产业主导向生态优先转变

传统城市发展和空间规划往往立足于产业需求对城市空间资源进行组织，忽视产业发展与城市功能的协同，普遍存在"重产业、轻城市"的发展导向。随着经济全球化、市场化和信息化的深入发展，我国东部沿海许多城市已步入工业化中后期，跨入进一步完善功能、提升城市质量的发展阶段。在此大背景下，传统的产业布局规划思路与方法无法满足产业与城市协同发展的需要，产业主导型的发展思路往往会导致产业布局与城市发展需求不匹配，产业空间与城市空间分割、离散甚至相冲突，对城市中日益稀缺的生态要素造成无法挽回的损害。建设资源与产业匹配、生态与环境平衡、三次产业协调、空间布局合理、交通网络顺畅、环境整洁宜人、设施效率恰当、居住舒适方便的城市，产业布局规划从规划思路到技术手段的转型调整势在必行。要实现这一目标，就要注重城市的科学发展、协调发展，将"生产型"、"能源型"和"重工业"等视为城市第一要素的观念转换成以"满足人们居住条件"为基本原则的理念，从重经济增长轻环境保护转变为保护环境与经济增长并重。改变传统观念，在保护生态环境的基础上发展城市经济。改变传统资源利用方法，鼓励充分利用可再生资源，利用循环的原材料促进经济发展，保护和处罚使用非再生资源。

现代城市应该不仅仅是追求经济增长效率的经济实体，更应该是能够改善人类健康状况的理想环境，向以生态优先的城市转变。理查德·瑞杰斯特在《生态城市泊克利：为一个健康的未来建设城市》一书中描述了生态城市的场景："高层建筑将不会造成紧张、嘈杂、难闻的气味以及危险的街道，因为小汽车将很少需要使用，并且可以在城市的大部分地区被完全禁止，人们将创造出 Ernest Callenhacl 在《生态理想国》一书中所称的"小汽车禁行区"（Carfree zones）"。在生态优先的发展思路下，城市更多的关注居民生活舒适度，让健康与城市同行；加大对城市资源的保护、再生和循环利用力度，最大限度地变废为宝、化害为利，增强城市的可持续发展能力；力倡绿色、低碳出行，疏通交通工具出口，加强科学调度能力，畅通城市"血脉"，保证城市的健康有序。

济南在《济南市城市总体规划（2010–2020年）》中将坚持生态优先作为城市发展的重要原则之一，提出：以建设环境友好型社会为目标，以资源保护为重点，强化对水源、土地、自然保护区、山林绿地水系等自然资源的保护与管制，创造良好的城乡生态环境。同时，与地域文化相结合，强调对城市原有历史文脉、特色和传统的延续，新与旧、现代与传统要有机结合，一脉相承，同时还要有所发展和创新。用足城市存量空间，减少盲目扩张；加强对现有社区的重建，重新开发废弃、污染工业用地，以节约基础设施和公共服务成本；构筑多中心、多组团的城市空间结构，强调大分散、小集中的空间格局，生活和就业单元尽量拉近距离，减少基础设施、房屋建设和使用成本。

（三）由功能分区向功能混合转变

根据1993年《雅典宪章》的城市功能分区原理，城市活动划分为居住、工作、游憩和交通四大活动，城市的布局则是按照这种基本分类进行不同的土地使用安排。"功能城市"的思想对以制造业为中心的工业城市的影响是积极而深远的，城市形成了相对合理的布局。然而，随着经济的全球化和信息化，城市的产业结构有了很大的调整，第三产业尤其是信息产业正在成为许多城市的主导产业，城市的功能发生了巨大变化。由于工作和生活方式的改变，不同部门、不同性质的商务活动可以使用同样的办公建筑，甚至厂房、公寓、酒店也可作为办公单元。另一方面随着治理工业污染和环境整治的成功，使居住区与产业区，特别是高新产业区也具有了一定的兼容性。

随着城市开发建设的高速发展，延续使用以"功能分区"为主旨的城市规划编制和管理的模式，往往会造成城市用地功能之间的割裂、催生大量大尺度和单一功能的地块，使得城市区域功能结构和空间结构失调、城市交通等基础设施承载压力过大、城市环境资源的恶化，从而不利于城市的可持续发展，无法适应社会经济发展的需求。莫里斯布朗提出，城镇规划在试图通过"固化"土地利用分区来确定未来城市形态和持续变化的土地利用现实之间，存在不可避免的矛盾。1961年，简·雅各布斯发表了著作《美国大城市的死与生》，书中反对区划（Zoning），提倡将人口和各种活动的聚集，将高密度、小尺度街坊和开放空间混合使用，突出城市的多样性。随后，土地混合利用的概念频繁出现。美国规划协会（APA）认为，土地的混合使用是理性发展政策的重要组成；欧洲城镇规划师议会（ECTP）指出混合使用的原则应该被提倡，尤其是在城市中心，它可以有助于带来更多的多样性，并增强城市活力；在台湾，许多学者和研究人员也认为"土地混合使用一直是新都市主义者及永续发展目标所极力推崇之策略"（应盛，2009）。土地混合利用已经成为一种发展的趋势，进行用地混合利用研究确为一种解决问题的有效思路，值得去探讨和实践。国内外先进地区及城市已进行了大量的实践研究，并取得了积极有效的作用。

济南在《济南市城市总体规划（2010-2020年）》中将"注重控制合理的环境容量和确定科学的建设标准，促进城市发展由粗放型向集约型、由外延式向内涵式转变"作为规划指导思想。资源浪费、用地紧张是我国许多城市的现状，提高土地利用效率是解决这一问题的主要手段。紧凑城市是可持续发展城市形态的理想蓝图，但简单提高城市密度并不能增加城市的可持续性。对济南而言，过分地强调传统中心的高密度发展会导致交通问题进一步恶化，加剧城市环境、基础设施压力。单中心的"紧凑城市"模式难以为继，"分散化的集中"、"城市网络"等模式更加切实可行。建立舒展且紧密相连的网络空间体系，适当提高城市中心容积率和紧凑度、强化土地功能混合和集约利用，不仅可以提高土地的利用效率，有效利用基础设施和公用设施，而且还有利于建立各阶层混合居住的多样性社区，而这正是城市规划经济目标与社会目标的体现（王国爱，2009）。

（四）由服务引导开发向规划引领发展转变

近年来，随着我国城市化进程的快速推进，"服务引导开发"模式（SOD, Service Orient Development）盛行一时。最为突出的表现，就是经济效益最大化的前提下，城市跟随重点项目开发的盲目发展。当规划管理致力于实施项目的程序性管理、忽视对敏感问题的预判性论证和提供先导性的设计指导时，当规划管理沉浸在建设项目"你报我批、忽视前期"的可行性研究等内容时，必然造成规划管理工作疲于招架应对，规划指导作用得不到很好地发挥，从而造成大量"劣质"规划、"短命"规划产生。

规划引领发展，基本含义是指城市规划能够预见并合理地确定城市的发展方向、规模和布局，统筹安排各项建设，为城市的良好、高速发展创造条件。其核心要义是城市建设、规划先行。城市规划是一项全局性、综合性、战略性的工作，涉及政治、经济、文化和社会生活等各个领域。规划作为城市统筹全局、谋划未来、引导发展的蓝图，对经济社会发展具有先导、主导和统领作用。要实现向主动引导型规划转变，首先要牢固确立规划的先导地位，从观念、行动上重视规划、服从规划，充分发挥规划作为政府配置资源的主要手段，从时间和空间上按规划对城市发展进行立体谋划、整体推进。其次，为了保证科学、合理地逐步完成城市发展目标，规划应深刻地分析城市发展的条件，科学地界定城市发展的战略定位、布局，制定相应的战略方针和举措，为城市发展提供前提和基础。再次，规划应强调对现实问题的应对，从方法上具有针对城市"问题"的导向，善于解决城市快速发展阶段的种种弊病、推动城市健康有序发展；强调对建设实施的考量，从内容上涵盖各类"疑难杂症"，高效指导城市发展、建设和管理；强调对公众参与的包容，从姿态上不断为公共利益俯首迎新，使城市发展中的新问题可以不断地被接纳、参与更新，使城市规划拥有强大的公众信心。

近年来，随着济南城市建设的迅速开展，一城三区的城市发展框架全面拉开，城市功能日趋完善、面貌显著提升，由传统"被动型"规划向"主动引导型"规划的转变应成为济南规划管理工作创新的重点。统筹城市各项规划编制，将经济和社会发展规划、城市规划、土地利用规划及各项规划有机衔接，落实城市空间发展布局，有序推动项目落实，引导城市有序发展；统筹城市各个功能区安排，有目标地应对城市阶段发展的要求，有重点地开展以片区开发和项目带动为导向的规划编制，及时编制和调整城市重点区域的发展规划、控制性详细规划、修建性详细规划等多层面规划，引导城市重点地区、重要地段的快速发展；从市域层面整合优化城市空间资源，实现城市土地资源和空间资源的高效利用，引导城市集约发展；统筹公共公用设施，协同各部门发展计划，将文化、教育、体育、卫生、绿化、保障性住房等方面与城市规划空间部署、市政公用设施、公共交通体系建设统筹安排，引导城市协调发展。

（五）由以城为本向以人为本转变

城市的早期功能定位是"居住机器"的聚会场所，它向公众提供生产生活的空间。显然这种功能所要求的城市管理和规划，只是建筑物和道路等的设计和布局，空间实体要素是城市管理关注的焦点。随着实践的发展和理论的进步，人们认识到城市不只是为公众提供居所的物质空间，它还是公众个体感情归属的精神空间。1996 年联合国第二次人居大会提出了城市应当是适宜居住的人类居住地的概念。此概念一经提出就在国际社会形成了广泛共识，并成为 21 世纪新的城市发展观。蒂莫西伯格在回顾了众多学者关于建设宜居城市的研究后，创造了"宜居城市运动"这一概念，认为其核心思想就是重塑城市环境，在城市形态上建设适合行人的道路和街区，在城市功能上实现城市的工作、居住、零售等综合职能，使城市具有多样性，更适宜一般市民的居住。归结起来，宜居城市就是以人为本的城市，它应该体现城市经济的持续繁荣、社会的和谐稳定、文化的丰富厚重、生活的舒适便捷、景观的优美怡人、安全的公共秩序。

济南在《济南市城市总体规划（2010–2020 年）》中将建设宜居城市作为城市发展的重要目标，提出：建设服务设施完善、就业机会充分、居民生活舒适、人居环境良好的宜居城市。新的城市功能定位要求城市管理必须考虑人、空间和时间这三大要素。城市的现代化功能要求对城市的时空使用方式的管理，必须以给公众带来情感的乐趣为出发点。城市功能的变化表明，只有公众才是城市生活的主体，因此，"只有公众生活熟悉的空间才是城市管理的真正基础"，也正是在这种意义上，城市功能的变化要求社会大众参与城市管理，重视"以人为本"的协调发展观念，实现人口、资源、环境的全面协调和可持续发展。政府必须更加灵活、更加高效，具有较强的应变力和创造力，对公众的要求更具有响应力，以城市大众利益为中心和指导原则，聆听居民和公众的声音，吸引公众参与城市规划，集思广益，从而有效地减少决策失误，使决策更为科学务实。

二、模式选择

（一）协作、高效，生态、多样的多元共生模式

济南中心城的用地结构以东西带状组团式发展为主，传统的"单中心，集中连片"的布局结构形式在城市空间拓展方式上仍起着较大影响。近年来，伴随着城市空间的快速拓展，城市总体上构成了以三带为特征的带状城市空间格局。在鲜明的带形城市结构形态下，结构性矛盾也日益突出：作为单核轴向生长的城市，城市功能过于集中，中心区地价攀升过快，旧城改造成本过高，土地储备不足，"中优"战略难以实施；空间资源分配不合理，以黄河为界南北差异明显；南部山区面临无序开发的局面，生态环境受到挑战；中心城东西向道路密度相对较高，城市运行效率低，产生大量的钟摆式交通。

要改变上述发展问题，需要对城市空间发展的模式进行变革。在共生理论的基础上，结合生态化、低碳化的发展理念，促成共生以实现城市多个中心和谐、可持续的共同发展，是城市空间发展模式的变革方向。强调立足于城市整体，统一规划安排资源、交通网络和基础设施，制定统一的环境保护政策，有利于提高城市整体运行效率。主张城市各级中心与功能片区，应以分工协作为基础，依靠交通网、信息网的紧密联系实现舒展有序、和谐共生的空间体系；强调各中心的功能的多样性，突出城市特色。其关键词为：

（1）协作、高效

协作是指各个城市中心通过功能的互补、差异发展以及合作互动，是空间体系共生的基础。城市中心合理分工，依靠各公共中心之间的人流、物流、信息流的支持各中心之间的联系。各中心之间既存在合作关系，也存在竞争关系，在结构优化和功能创新的过程中共同适应复杂的发展环境。发挥城市的集聚效益，提高公共中心体系的成长力与竞争力。

高效是指各个城市中心通过资源共享、绿色利用，构建空间体系优化提升的外部支撑。立足于城市整体，统一规划安排资源、交通网络和基础设施，制定统一的环境保护政策，加强各中心之间的联系和提高城市公共中心体系的整体运作效率。

（2）生态、多样

生态是指城市与环境协同发展。由"正规划"向"负规划"的变化，由"先建设、后保护"的规划向"先保护、后建设"的规划转变。各中心间留有足够的开敞空间，以生态要素、资源要素等有机结合。一方面，完善城市自然生态系统的结构和功能，维护城市生态安全格局；另一方面，保护和发掘城市特有的历史文化资源，形成鲜明的城市特色，改善城市人居环境，提高城市宜居水平。

多样是指城市空间和谐发展的重要特征是多样性。绿地的集中与分散、交通的快速与慢速、城市结构的多核心与单中心，都是城市多样性的基础。一方面，面对多元化和差异化的空间需求，强调功能与活动的多样性，突出城市特色是空间体系共生的特征；另一方面，强调各中心功能与活动的多样性，突出城市特色，结合历史文化遗存和自然景观，引导公共中心内部功能的共生融合，增加或者复兴城市活力，进一步强化公共中心体系各项功能的整体共生性。

（二）多心、多元，紧凑、有机的多中心网络结构

传统单中心蔓延式的城市发展会导致建筑密集、交通拥挤、环境恶化、历史文化遭到破坏、边缘用地无限蔓延等一系列的城市问题。要改变这一现状，通过选择具有优势的区位点，培育多个"增长极"，建设新的城市功能单元，形成"多中心"网络化的城市空间发展结构。济南城市空间结构经历了早期的单中心团状发展到线形带状结构，并最终向着较为理想的多中心结构发展。未来需要从更大的腹地范围来寻求更宽阔的城市发展空间，实现城市资源的优化配置，形成网络化的空间发展模式。

通过构建多中心城市网络来促进共生、可持续的地域发展成为规划界的研究热点。城市网络是在信息化、全球化与网络化时代背景下出现的新型城市空间组织形式与发展范式，这种范式明显区别于传统城市地理学中所普遍接受的中心地发展模式，其概念内涵也有别于一般意义上的城市体系（卢明华，2010）。一个可持续的城市空间网络体系，通过在互补或相似的城市中心之间形成水平和非层级性的联系，提供专业化分工的经济性以及协作、整合与创新的外部性。各个城市"节点"之间的共生、节点内部的"紧凑型、精明型混合使用"，最终致力于构建一种注重特色与文化、分工与协作，竞争有序、高效节能、可持续发展的城市有机体。在网络城市理论的基础上，结合济南城市空间紧凑、集聚发展的特质和需求，强调城市空间按照有机秩序的原则确定节点的层次、联系强度，从而构筑较为舒展有序、而又紧凑的多中心网络结构，形成合理、高效的公共中心网络体系。其关键词为：

（1）多心、多元

多心，是指通过明确城市多个发展中心节点，主张功能综合的主要中心以及功能互补的次要中心有机结合，实现网络结构的整合效应和一体化。既能获取城市发展的规模经济又能缓解集聚不经济带来的负面影响，可在促进城市增长的同时避免城市的无序蔓延，通过构建公共中心网络体系优化城市空间布局，充分发挥多核心一体化发展的集聚效益，提升城市整体竞争力。

多元，是指城市多种要素紧密联系，加强交通网、绿道网、市政网、信息网建设，通过多方位、立体化的合作网络联系，实现网络整体效率的提升。一方面必须建立各公共中心之间基于特色功能的互补关系。另一方面，应加强交通网、绿道网、市政网、信息网等基础设施支撑网

络。只有通过多方位、立体化的合作网络联系，才能实现要素的自由流动和信息的高效率传输，实现网络整体效率的提升。

（2）紧凑、有机

紧凑，是指城市多个中心之间既要有明确的分工又要重视日益密切的合作，利用网络的整合效应，发挥多核心一体化发展的集聚效益，控制城市无序蔓延的发展趋势，提升城市整体竞争力。一方面，采用紧凑、城市性和绿色的战略方针，通过对城市各组成部分进行集中开发，从城市功能的集中上获取环境、社会和全球可持续利益，构筑较为舒展有序，而又紧凑的多中心网络布局。另一方面，鼓励土地功能的适度混合利用，可以减少不同功能活动的区位分离带来的交通出行次数与出行距离，从而减少钟摆式交通引发的能耗和污染，有利于改善生态环境，提高整体人居质量。此外，发展城市公共交通，将各个城市组团联系成为以步行为主的相对独立的经济聚集中心。

有机，是指实现从封闭的"中心—边缘组团模型"向开放式网络化格局，保障城市空间结构的可持续更新与活力塑造。将空间网络体系视作一个有机的生命体，网络中的低级中心节点可以通过自我发展成为一级中心，体系之外的新的增长极也可以加入网络体系，成为网络体系中新的成员。一方面，重构和分化城市功能组织，将高度集中的单中心结构转化为若干功能相对明确、生活相对独立、空间相对分离的组团或多核结构，有效地降低交通需求，减少出行距离，节约能源消耗，提高空间资源使用效率，促进街区功能的多样性，增强社区活力。另一方面，梳理城市各个中心的主导功能，合理发展配套产业，进行功能性集中，以确保该地区城市生活的丰富多彩；对不适宜本地区发展条件的产业进行有机的分散，避免城市中心地区的过度集聚。此外，将高速交通与城市发展的中心相结合，形成畅通发达的公共交通网络，提高公共交通的出行率，对"日常活动进行有机的分散"，更好地实现城市空间结构和功能的调整；在城市中心和各新城内部营造良好的步行和自行车环境，使得人们的"日常活动"可以在步行尺度空间内完成，使城市空间重归生活、重现活力。

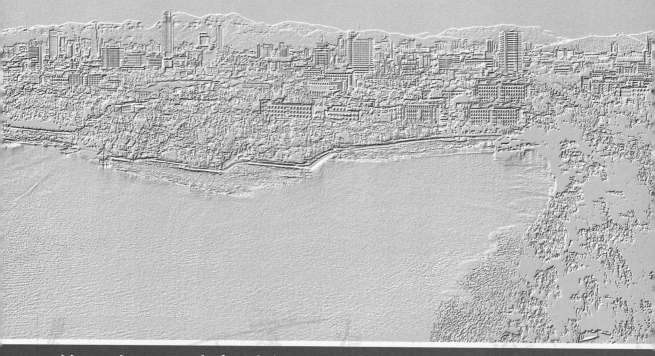

第三章 现实与演绎：济南多中心空间布局现状与规划策略

　　城市空间发展脉络的审视视角对于了解一座城市，因地制宜地制定城市空间的可持续发展策略具有重要的现实意义。自 2003 年 "6·26" 省委常委扩大会议确立济南市 "东拓、西进、南控、北跨、中优" 的城市空间发展战略以来，经过十年的发展，城市空间系统伴随着多中心逐步形成所衍生出的问题已经初显端倪，空间体系有待明确合理地宏观整体控制和发展引导。对其回顾总结，对于济南的新一轮城市发展和空间结构调整具有重要意义。

第一节 空间演变与多中心分布现状

一、空间发展演变历程

济南，北临黄河、南依泰山，地处长江三角洲、环渤海两大经济圈和京沪经济带、济青产业带、沿黄河经济开发带交汇处，地理位置优越，是国家批准的副省级城市、山东省省会城市，全省政治、经济、文化、科技、教育和金融中心，同时也是一座历史悠久的文化古城。在不同的历史阶段，受各种因素的影响，随着社会经济的发展变迁，济南也形成了不同时期的城市空间发展和公共中心布局特征。

（一）古代（1840年之前）

早在2100多年前的春秋战国时期，齐国设"历下邑"、筑起长城，为起南城市起源。元朝时，济南古城基本形成（即今环城公园范围），并修建了土城墙。随着运河漕运大兴，济南附近有运河流经，兼又有以盐运为主的大、小清河，可以控制山东盐业运输，又便于管理泰安的香税及民间进香旅游活动、监管德州的漕粮。明朝后，济南处于两京（北京和南京）及两直隶省之间，成为区域内的最大都会。清代康熙年间，济南已发展成为两京之间最大的都会和重要的工商业城市。

这一时期，济南城市空间及公共中心分布呈现单中心布局及较为完整的封建古城面貌特征（图3-1）。建成至明朝，济南城市中心基本上是一个围墙内的政府衙门，功能以行政为主。明代之后，济南成为农产品集散地和有一定规模的工商业城市，济南府大街、西门内大街、今泉城路成为旧城内"商贾云集"的主干道，从而丰富了城市中心区的功能，使其发展成为更高层次的简单商业服务地。

（二）近代（1840~1949年）

多中心的城市空间形态始于自辟商埠的建设。1904年胶济铁路通车后，德国殖民势力由青岛西进，为了抵制德国侵略的扩张，北洋大臣袁世凯与山东巡抚周馥联名奏请济南自开商埠；后经一年多的准备，济南于1905年正式开埠。商埠区位于旧城西侧和胶济铁路南侧，范围东起十王殿，西抵北大槐树，南沿长清大道，北以胶济铁路为限，东西长六里，南北长二里，面积（约2.7平方公里）接近旧城。

1911年津浦铁路通车后，济南成为北至京津、南达沪宁、东联胶莱的交通枢纽，商埠区得到了较快的发展。第一次世界大战爆发后，日本帝国主义代替了德国在山东的统治，在商埠区内开辟了西市场、大观园等综合性商场。该时期商埠区用地扩展较快，东起

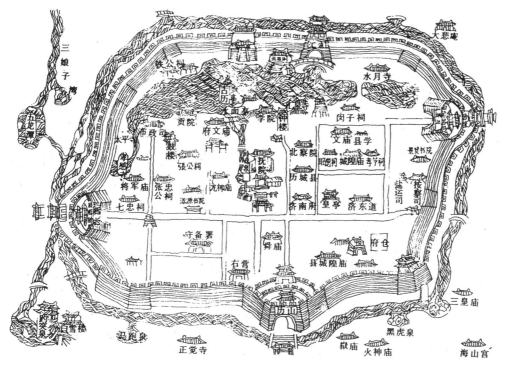

图3-1 清·济南府城并各衙门总图

普利门、西至纬十二路、北起火车站、南至经七路，面积达四平方公里。1938年日本侵占济南，日本帝国主义还从经七路至经十路开辟了"新市区"（又称南商埠），安排日本统治机关住宅区。因商埠区内纵横道路分布比较均匀，棋盘式的道路网为当时发展商业与繁荣市场创造了有利条件，千年古城走出了以农耕经济为城市发展特征的模式，向现代城市转变。

随着商埠区的建设，济南城市的空间分布也发生了一系列变化。首先，工商业区中心向商埠区西移，经济贸易往来日益频繁，人口开始密集，城市工商业逐渐脱离老城区向城西商埠区转移，并最终走向独立布局；其次，胶济、津浦两大铁路干线的相继开通，使济南成为北上京、津，南下沪、宁，东联胶、莱的区域交通枢纽，极大提高了城市内外联系的能力，为商品的周转流通带来了巨大的便利，成为济南地方经济发展的主要驱动力。城市空间发展从围绕南北中轴渐进式发展到东西向跳跃式延伸。商埠区作为城市空间的新生长点，脱离老城区而另辟新区，代替旧城西关逐渐成为济南新的商业中心。城市空间形态开始由单核发展双核并立，城市空间及公共中心分布呈现以省府东、西街为古城中心，以大观园为商埠中心的"双核、双中心"

特征，东西长、南北窄的带状形态（图3-2）。

（三）现代（1949年至今）

由于北面黄河、南面山体等自然条件的制约，济南现代城市空间的发展经历了向北、东、南稳步扩张，向东跳跃式发展、无序蔓延及以东西轴向延伸为主四个发展历程。

（1）稳步扩展阶段

主要包括国民经济恢复（1949~1952年）及"一五"时期（1953~1957年）。国民经济恢复时期，济南在古城以东开辟历山路、解放路等交通干道，城市开始向东扩展；同时在商埠区的南部、北部分别新建了二七新村、邮电新村和工人新村，城市跨越铁路向北、向南各有发展。"一五"时期，济南建设黄台、东郊、白马山和泺口四个工业区，并新建了一批文教卫生设施和职工住宅，形成沿济洛路至洛口镇的城市发展轴线，用地以向东、东北扩展为主（图3-3，图3-4）。

（2）跳跃式发展阶段

主要包括"大跃进"时期（1958~1960年）和国民经济调整期（1961~1965年）。1958年，济南在距城17.5公里的王舍人镇建设了近郊工业区，安排了济南钢铁厂、化肥厂等大中型骨干工业企业；同时在黄台、七里河、白马山等处兴建了一些工业项目，形成东郊、北郊与西南郊三个重点工业区。城市沿铁路向东北、西南两翼轴状发展的态势凸显，北部济泺路发展轴进一步轴向扩充，南部沿英雄山路随着七里山等居住片区的建设而出现居住伸展轴

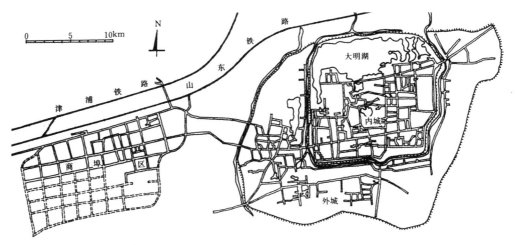

图3-2　近代·济南商埠区与古城

（图3-5）。

（3）无序蔓延阶段

主要指"文化大革命"时期（1966~1976年），济南受"三线"建设和工业项目分散、靠山隐蔽布置的思想指导下，建设了一批工业项目，城市工业区主要沿胶济铁路向西南、东北两翼发展；同时以老城为中心，以向南、向北、向东扩展居住用地。城市空间发展呈现散、乱的蔓延局面。

（4）整体均衡发展阶段

主要指改革开放以来，济南住宅、公共及市政公用设施的建设步伐加快，各级各类开发

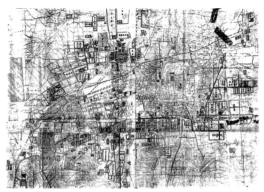
图3-3　1950年《济南都市计划纲要》

图3-4　1956年济南城市建设初步规划

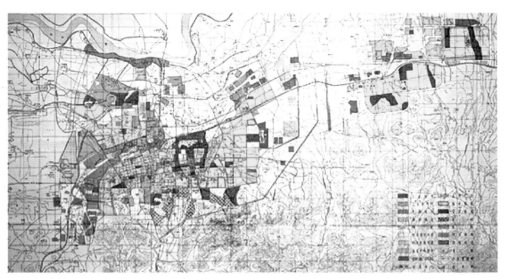
图3-5　1959年济南城市总体规划

区和近郊乡镇企业在城区外围陆续建设，旧城区也从局部修补转向以综合开发及房地产开发为主的全面改造。居住用地集中在城南英雄山路南段两侧和城市东郊，基本形成以原有城区为中心及东、西、南、北等五大片分布格局；城市向北、向南、向西南的三个伸展轴的延伸基本停止，出现经十路向东、工业南路向东、舜耕路向南的伸展轴；空间扩展方向以向东扩展为主，向西和南部也有适度扩展，至1996年基本形成"一城两团"的东西带状连片布局形态（图3-6，图3-7）。2003年开始，在省委常委扩大会议原则确认的"东拓、西进、南控、北跨、中疏"的空间发展战略和"新区开发、老城提升、两翼展开、整体推进"的发展思路下，济南开展了奥体中心、西客站等一系列重大设施的建设；原来属于主城区范围内的滨河新区迅速崛起，拓展了济南"一体两翼"的城市发展空间，改变了城市东与西、南与北发展不均衡的局面（图3-8）。

二、多中心空间体系分布现状

（一）现状构成

公共中心作为城市政治、经济、文化等活动的聚集核，城市公共建筑和第三产业的衍生地域，承担经济运作、公共管理及综合服务职能，集中体现城市的社会经济发展水平。济南

图3-6 1980年济南城市建设初步规划

图3-7 《济南市城市总体规划》（1996~2010年）

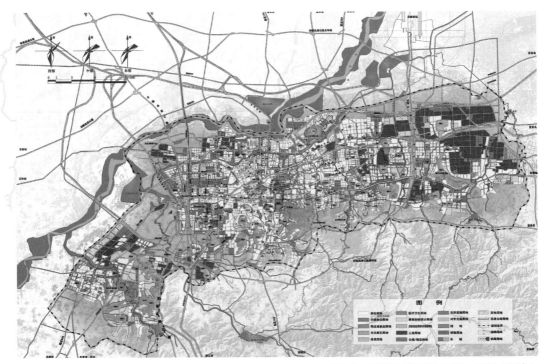

图3-8 《济南市城市总体规划》（2010~2020年）

在城市空间发展过程中衍生出不同职能、规模和层级的公共中心,这诸多公共中心要素及其作用联系,构成了多中心的城市空间体系,投射在城市地域上呈现出纷繁有致的空间系统形态,成为城市精华所在和空间形象的区域性标志。

根据公共活动集中的不同性质分类,济南城市公共中心分为专业职能型公共中心和综合职能型公共中心。专业职能型公共中心包括行政中心、文化中心、商业中心、商务中心、体育中心、会展博览中心、旅游服务中心和教育科研等专业职能型中心。综合职能型公共中心则是指三种及三种以上的公共活动内容相对集中的中心,往往是城市地域最为主要的公共中心。

(1)综合职能型公共中心分布

包括历史形成的老城传统市级综合性公共中心、随着城市职能不断外延疏解逐步形成的奥体文博和西客站新型市级城市综合性公共中心。

① 老城传统市级综合性公共中心

济南传统市级综合职能型公共中心位于老城区内。老城区不仅由于拥有商业、金融、餐饮娱乐业、旅游等综合产业,还拥有众多的教育资源、风景、名胜古迹及深厚的历史和文化底蕴,经过千年的发展演变,仍是济南最繁华的商业核心地带,保持着古城特有的生机与活力。其中包括聚集在泉城路、泺源大街、经四路、南门等商业繁华地区的市级商贸金融中心;分布在老城区和经八纬一一带的省政府、省人大、省政协等省级行政办公和历山路两侧的省检察院、省高级人民法院、省旅游局等省直机关行政办公等行政中心;沿历山路、文化东(西)路一带的省、部级教育、科研机构和经十路南侧的省体育中心、省市博物馆、电视台等文体中心等。

近年来老城中心的开发建设以泉城特色和现代气息为目标,以棚户区改造为重点,逐步形成黑虎泉—泉城广场—趵突泉—五龙潭—大明湖等组成的"泉池园林景观区"、芙蓉街—曲水亭街—珍珠泉等组成的"地方传统历史街区"、泉城路—南门地区组成的"中心商业区";逐步建成济南市民的"大客厅"—泉城广场等展示齐鲁文化和经济大省形象的窗口(图3-9);完成趵突泉公园扩建工程,将趵突泉、万竹园、白龙湾连为一体,恢复澄州、杜康、饮虎池、白龙湾四大名泉;还完成了趵突北路拓宽改造工程等基础设施改造工程;商埠区也已经完成了土地熟化工作、改善基础设施条件、原址保护典型街坊和代表性建筑的工作已经展开。

② 新型市级城市综合性公共中心

济南新型市级综合职能型公共中心分别位于济南城区东部、西部,为奥体文博中心、西客站中心。其中:

奥体文博中心位于济南城区东部。20世纪90年代,一大批工业研发项目落户济南东部,形成高新科技开发区,这也是济南东部城区发展的最早产业动力。21世纪初,省城"东拓"

图3-9 泉城广场实景

的战略决策和奥体文博片区建设的启动，带来了东部城区基础设施的全面提升和省城发展空间的转换。十一届全运会之后，济南更以此为契机，加快城区向东发展力度。伴随着总建筑面积35万平方米、总投资达30亿元的济南奥体中心"一场三馆"及附属工程完工，带有浓郁济南风格的"东荷西柳"、全运会历史上的第一个全运村、媒体村以及周边大批富有现代韵律的建筑群投入使用，省立医院东院区、省高院审判楼、银座国奥城、奥体酒店、省博物馆和档案馆新馆等近300万平方米的新建单体工程落地，充满活力的东部新区初步成形（图3-10）。

西客站中心位于济南城区西部，京福高速公路以东。随着张庄军用机场的搬迁及2011年京沪高速铁路全线通车，济南西客站作为五大枢纽站之一，它的建设为西部发展提供了难得的机遇。伴随着西站站房一体化工程（包括高铁站房、站前广场、高架进站平台、轨道交通1号土建预留、地下停车及商业设施、公交枢纽、出租车及社会车辆停放系统）及周边配套设施的投入使用，省会文化艺术中心、礼乐广场及大批商业设施的完工，具有发展潜力的西部新区开始崛起（图3-11）。

（2）城市专业职能型公共中心分布

① 城市行政中心

城市行政中心是城市的政治决策与行政管理机构的中心，是体现城市政治功能的重要区域。济南的省级、区域级的行政中心位于旧城区经八纬一地段，东部新区的奥体中心则聚集了市级政府重要部门及机构。

② 城市文化中心

城市文化中心是以城市文化设施为主的公共中心，是体现城市文化功能和反映城市文化

图3-10　奥体中心

(a)

(b)　图3-11　西客站中心

特色的重要区域。济南传统的文化中心分布主要集中在老城区，处于城乡接合部地带的地区缺少相应的文化中心。随着省博物馆、省美术馆、省会文化艺术中心的相继落成，东部新区、西部新区开始形成新的文化中心（图3-12）。

图3-12 省博物馆新馆全景

③城市商务中心

城市商务中心也被称为 CBD，是城市商务办公的集中区，集中了商贸、金融、保险、服务、信息等各种机构，是城市经济活动的核心地区。济南的商务中心包括文博中心核心区、汉峪商务区、唐冶核心区等城市中心，其中汉峪商务中心位于高新开发区以南、经十路两侧，依托高新开发区和经十路，以为开发区提供商务办公、商业金融、酒店服务为主；唐冶核心区位于东绕城高速公路以东、世纪大道两侧，是拉动济南带状城市空间形态东拓的门户和关键。

④城市体育中心

城市体育中心是城市各类体育活动设施相对集中的地区，是城市大型体育活动的主要区域。济南的体育中心主要以大型体育馆为载体，现状已经有奥林中心、省体育中心等初具规模的体育中心。

⑤城市教育科研中心

城市教育科研中心是以城市教育、科技、研发等设施和用地聚集的地区，是城市教育、科技水平得以体现的重要区域。依托高校的聚集和大的城市建设有向外扩展的趋势，市区大量教育资源开始外迁置换，如长清大学科技园的建设、东部教育科研中心的形成等。

长清大学科技园位于南部山区，距济南市区约 16 公里，临近灵岩寺、五峰山、莲台山等长清风景名胜旅游区，四处环山，风景气候秀丽宜人。目前，已有山东师范大学、山东中医药大学、山东轻工业学院、山东交通学院、山东艺术学院等多所高校入驻。作为济南创新城市体系建设的主要承载地，生机勃勃的大学科技园已成为培养省级高技术人才的摇篮。经过开发建设，现在大学城已形成大学城商业街、数码港等主要的公共设施以及遍布便捷的公交线路。2008 年，第七届国际花卉园林博览会定址长清大学科技园。2009 年，第七届中国国际园林花卉博览会隆重开幕，而园博园作为国际园林花卉博览会园址，"文化传承、科学发展"的园博理念与大学科技园始终遵循的"生态优先、因地制宜、突出特色"的原则不谋而合，成为拉动济南西进的强力引擎（图 3-13，图 3-14）。

图3-13　长清大学科技园实景

图3-14　济南园博园实景

（二）空间分布

济南城市空间发展和中心体系的演变是由单核到双核，跨越性的发展为双核，并在近一时期逐渐演变为多核、多层次的过程。每种空间形态的出现都烙印着时代发展的特征。横向来看，济南城市空间的发展和公共中心演变基本上是一个有计划的城市建设过程，经历多次规划逐步形成。济南的城市空间形态第一次革命是1904年胶济铁路通车后商埠区的建设。胶济铁路沿线成为城市新的东西向发展轴线，古城区和商埠区并重发展的格局基本形成。第二次革命是1990年济南总体规划调整，明确了济南城市结构由单一中心封闭性结构变为多中心开放式结构，城市沿济南东西经济轴、向东沿轴发展，具备弹性布局结构，城市的带状组团结构开始成型。第三次革命是2003年省委常委扩大会议原则确认了"东拓、西进、南控、北跨、中疏"的空间发展战略和"新区开发、老城提升、两翼展开、整体推进"的发展思路，"一体两翼"发展的城市空间格局转变为"多中心"均衡发展的城市空间格局。纵向来看，济南城市空间发展和公共中心呈现由单中心向多中心转变、沿城市东、北、西方向向外衍生的态势（图3-15）。

（1）主城区内各类职能和各层级城市公共中心构成设施分布密集，部分公共中心在空间地域上已经开始有接壤和连绵聚集成片的态势。根据济南东西延伸、带状发展的态势以及交通干线的

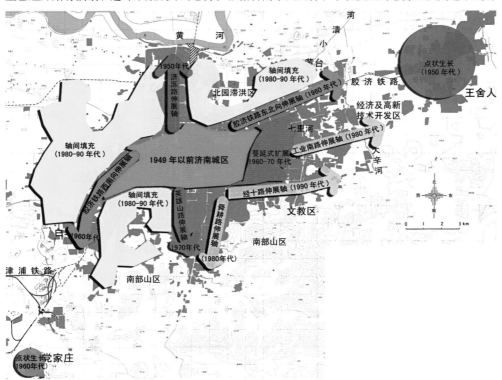

图3-15 济南城市空间演变示意

影响，城市公共中心主要以老城区为中心向东西两翼展开，或是沿道路、河流轴向发展，或是以大学园建设、京沪客运专线和新东站建设为契机形成新的功能中心，最终形成多中心的空间布局。

其中，沿经十路东西向主要发展轴、以老城区中心为核心向东依次形成奥体文博中心区、汉峪总部经济区、唐冶片区核心区三个城市公共中心，向西依托高铁枢纽建设形成西客站中心区；结合小清河流域综合治理，形成以生态休闲旅游功能为主的小清河生态发展轴，在发展轴线的中心"节点"位置形成滨河新区北湖核心区，沿小清河生态发展轴向东延伸，在济南新东站规划建设的推动下，在城区东北部结合现状产业将形成新东站中心区；在城区西部长清区范围内依托高校园区建设初步形成了大学科技园中心区。

（2）重大公共设施的建设成为济南城市公共中心形成和体系框架生长的主要引擎。随着文博中心、西客站、大学城、奥体中心等一批重大公共设施功能区的建设和投入运营使用，孕育了济南一批城市公共中心的生成，逐渐拉开了公共中心体系的空间框架。西部新城中心结合高铁的建设成为城市外向门户，跨区域经济集聚中心；而东部城区中心以高新区、政务中心为发展起点，承担旧城疏解、功能更新的职能。大学科技园、新东站等城市中心也因具有优越的发展条件、潜力而规划成型。结合重大公共设施的建设，通过控制主城区外延、疏解主城区功能、拓展外围功能组团，借用有机疏散和有机集中的理念，促进城市空间形态在东西带状延伸的基础上由"单中心"向"多中心"的转变（图3-16）。

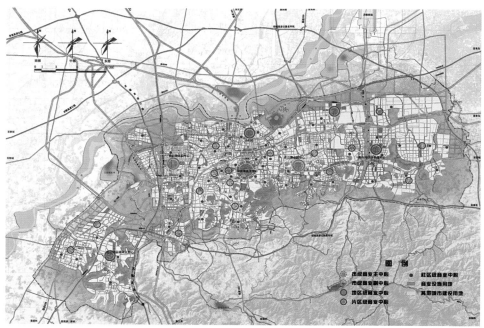

图3-16　济南城市多中心空间分布

第二节　存在问题剖析及变革要求

一、总体空间框架亟须完善

（一）多中心网络尚未成型

济南城市空间结构经历了早期的单中心团状发展到线形带状结构，并最终向着较为理想的多核网状结构发展。回顾济南近十年的空间发展轨迹，济南总体上构成了以三带为特征的带状城市空间格局：蓝带—黄河、黄带—城市、绿带—南部山区（图3-17）。作为轴向生长的城市，在鲜明的带形城市结构形态下，结构性矛盾也日益突出：由于注重城市的经济发展和功能需求，迁就城市在经济发展趋势下的自生空间衍生，导致主城区空间高度集中，但辐射带动力量有待增强。外围公共中心建设滞后，强度不够，不同层级功能的公共中心在市域层面上的空间缺失与部分多重叠加相伴行。公共中心在空间距离上无法合理分布，体系框架尚未有力拉开，公共中心体系空间局促。

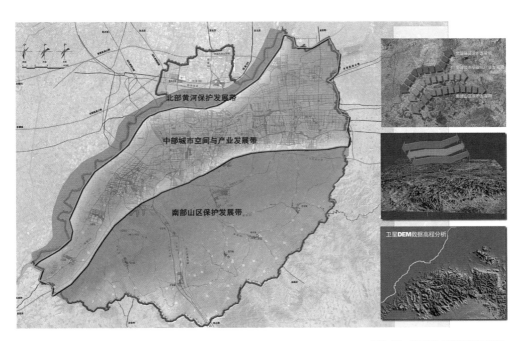

图3-17　济南城市带状空间格局

作为提高现代服务业和城市职能水平的重要空间载体，公共中心体系的建构和发展，能够战略性地对城市功能结构的优化起到催化和引导作用。当前济南面临的处境是，中心区地价攀升过快，旧城改造成本过高，土地储备不足，"中优"战略难以实施；南部山区面临无序开发的局面，生态环境受到挑战；中心城东西向道路密度相对较高，城市运行效率低，产生大量的钟摆式交通；空间资源分配不合理，区域差别明显，重点建设区域四处开花，大量的重点项目同时开展，缺乏宏观整体的建设控制和有力引导。以上因素的综合叠加，最终影响了城市多中心网络状空间结构的有序生长。城市总体空间框架亟须进一步的提升和优化。

（二）城市"大饼"依旧蔓延

伴随城市的快速发展，为了满足快速涌进城市的外来人口住房问题，济南城市边缘曾兴建了许多大型居住区，其中部分边缘集团对城市的扩张也起到了一定的分散离心作用，但仍存在诸多问题：大部分边缘集团，尤其是新东站中心、滨河北湖中心等地，与中心城区相比，还缺乏足够的吸引力；汉峪、唐冶中心等地区，距离城市主要中心太近，依旧可能被中心城区的空间扩展所淹没，成为"城市大饼"的一部分。另外，各边缘集团还存在一个普遍问题，即多数集团缺乏足够完善和自我发展的商务中心，功能单一，往往成为中心城区的卧城，而非城市发展的次级中心。虽然它们的人口规模已相当于一个城市，但其功能只以居住为主，这使得大量的就业人口必须早晚拥挤在往返于城郊之间的交通之中，生活与就业成本难以降低，并使道路、公交等设施超负荷运转。

为避免"摊大饼"式的建设空间扩展，公共中心体系的建构和发展可以为各中心提供独立发展的空间，利用环绕中心城区的绿化隔离带为城市扩张设置清晰的生态屏障，改变城市无序蔓延。当前济南面临的处境是，一方面传统工业从城市核心区转移带来土地增值、发展空间拓展，并减轻城市土地竞租压力。另一方面由于城市边缘区相对低廉的房地产价位，使其成为低收入阶层满足居住条件改善的理想选择空间。根据1996~2010年济南市总体规划及目前建设情况分析，济南城区规划范围内现剩余发展用地31.58平方公里，其中已有规划但尚未建设的用地占9.71平方公里，如果按每年竣工用地面积2.5~4平方公里计算，这些项目需2.5~4年时间全部开发完成；与此同时，济南还有二十余项已经批准或正在开展规划研究、并且超出规划建设用地范围的项目。从实地观察和对照近年的城市建设数据看，这些项目大多未进入实质性操作，甚至可能处在闲置状态（图3-18，图3-19）。这种状态必然导致中心城地价不断飞涨，供需关系越来越紧张，城市绿地和公益用地受到极大排斥，城市空间发展面临无序。"城市大饼"进一步蔓延趋势亟待遏制。

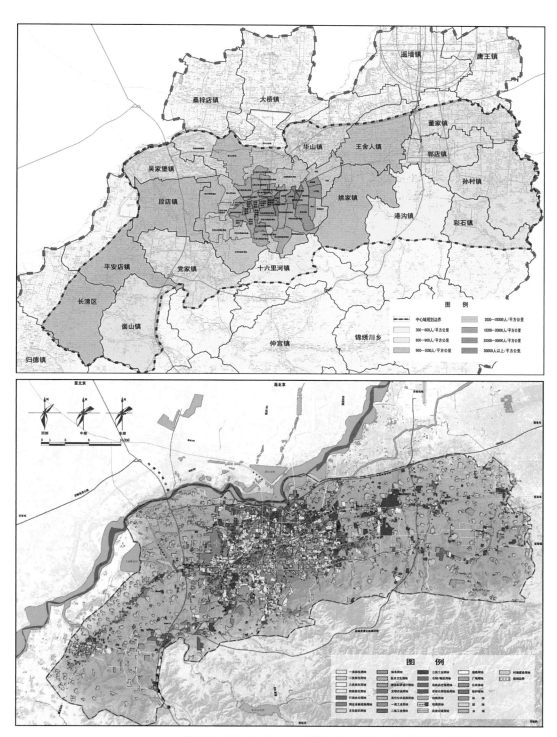

图3-18，图3-19 从人口、建设重点分布来看，济南"摊大饼"趋势仍具有一定影响力

二、多中心发育失衡现象仍然突出

（一）老城中心难堪重负

主城区公共中心空间上高度聚集，发育度高，但功能高度混杂，内部不同档次的业态相互混合的情况十分明显。城市商业中心、省、市级行政中心、济南火车站，明清古城、具有近代空间形态特色的商埠区等城市级的商业、办公、交通枢纽和优秀的历史文化空间与旅游中心均集中于不足 10 平方公里的济南旧城内。据 1998 年地籍调查结果，济南城区的平均容积率达到 0.87，平均建筑密度达到 32%。我国有学者提出全国城市总平均容积率最高值为 0.5~0.55。北京 1981~1997 年，建成区总平均容积率由 0.308 上升到 0.498，比 1981 年提高 62%，已接近合理值的下限。而济南城区平均容积率不仅远高于北京，而且还超过了较拥挤型的深圳罗湖（0.71），由此可见济南城市土地开发强度过高，城区拥挤迫切需要疏散。这种功能高度聚集的"单核心"结构，必然导致济南旧城区交通拥挤、建筑密集、历史文化保护难度大、改造成本飙升、发展空间不足、整体环境质量下降等多种矛盾层出不穷（图 3-20）。

此外，周边区域尚未形成独立运营能力强、有效带动周边地区经济社会发展的城市新节点或区域中心，老城中心仍要承担大量的基本服务职能，带来交通瓶颈地区的堵塞和城市效率下降，中央大团严重超载，交通拥堵，改善和维持环境质量以及居民生活成本持续攀升等"城市病"不断加重。老城区的城市空间已严重超载，城市空间的扩张和提高空间的有效性成为城市可持续发展的前提条件。

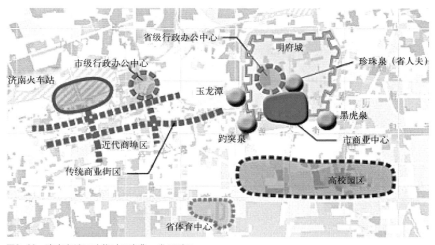

图3-20　济南老城区功能过于密集、发展受限

（二）新城中心"反磁中心"作用不强

尽管近年来东部新城、西部新城在一定程度上得以发展，但由于承担城市日常生活服务职能的公共设施主要集中在老城区，新城地区缺乏综合配套服务型的公共中心或服务质量较低，难以满足市民"宜居"需求，从而使得大量的公共服务需求仍然要回到主城区得以满足，造成城市空间拓展战略、老城区人口和城市功能疏解不能顺利实施，新城建设的拉动作用力不足等问题。

由于城市公共服务设施的不配套，缺少必要的市政设施、各种服务业以及劳动力市场效率低，不能从根本上缓解市区的压力。由于新城中心功能的不完善，造成中心城区资源过剩而边缘区中心又出现上学难、就医难、缺乏高质量服务等新的问题，由此形成了中心城区人口抵触向外迁移的负面心理。在发达国家，退休的老人通常愿意选择到住房租金低、环境安静的郊外生活，而济南的情况恰恰相反，市区的老人对迁居郊外存在着一定的畏惧心理。从城市总体格局中的地位和所承担的功能来看，新城中心仍未发挥其有效疏散老城中心人口和功能的"反磁力"作用。

（三）专业职能中心空间"寄生"形态初显

济南中心城区目前依然具有强大的内聚力，外围次级中心建设主要是满足功能和空间扩张，历史上形成的产业和人口过分集中及郊区城镇过于分散的状况尚未发生根本变化。次级中心专业职能性没有得到充分的培育，难以满足城市区域性服务职能的需求和老城部分职能外迁的需求。同时由于次中心与中心城区规模等级差距过分悬殊，生活服务性功能不尽完善，与中心市区相比缺乏吸引力，成为某种意义上的"寄生"型多中心，造成城市空间拓展战略的实施困难、城市"大饼"蔓延趋势难以遏制等问题。

为避免这种空间"寄生"形态的发展态势，保证多中心体系中各个中心的健康发展，中心城区外围的次级中心必须具有足够吸引力，这是以足够的人口规模和完善的功能为前提的。作为区域中心城市的济南，更需要强化其公共中心的专业职能性的培养，尤其是文化中心、旅游服务中心等专业职能型公共中心建设有待提升。

三、土地及生态资源利用失衡

济南城区三面环山，北临黄河，"山、泉、湖、河、城"有机结合，形成了山水相依的城市地理形态。随着城市化进程的加速，尤其古城、河湖水域、景观山体等特色地段的更新改造中，忽视了与城市环境的联系，切断了历史文脉，丧失了城市特色。以老城为中心向周围均衡扩展的城市空间发展模式，使城区始终处于服务中心和交通吸引中心的位置，城市中心功能尤其是商业服务功能始终集中在老城而难以疏解出去，造成城区压力过大，交通组织复杂的现状。

根据 2002 年济南建成区统计的数据,古城内仅大型商业建筑就突破 73 万平方米,人均高达 0.35 平方米 / 人,大大超出西方国家城市 0.03~0.04 平方米 / 人的标准。十年来,城市的绿地系统并未有大幅度的增加,但主城人口密度每年以平均 2% 左右的增长率增长;人口在空间上集中性的增加,必然加重环境的负荷,影响原有的生态平衡系统。同时,由于空间的过度集中使大气污染加剧,碳氧平衡局部失调,热岛效应日益严重。

济南城市空间发展应突破土地及生态资源利用不合理的现状,统筹考虑功能提升、环境优化、历史保护、特色彰显、经济效益等多方面需求,塑造生态良好、宜人宜居的"山水泉城"。

四、地域特色和文化景观特色迷失

济南是著名的历史文化名城,但在城市快速发展建设中地域文化特色的要素开始遭遇不同程度的威胁。中心城区见缝插针式的建设、高层建筑与建设用地的失控已阻断中心区"齐烟九点"地域自然景观特色的格局,大量建筑千篇一律、城市的特色逐渐丧失,城市空间内部以及济南与其他城市之间空间形象趋于雷同。

一方面,由于城市的急剧扩展,使济南城市发展经历了一个由缓慢在老城内填充到向老城外急剧外溢的过程,形成了新区和老区之间的大规模钟摆式交通,严重地冲击古城风貌以及自然与古城的有机融合。

另一方面,随着城市的发展和技术的进步,老城内过度商业化的高层、巨型建筑物逐渐增多,但由于其布局过于分散,建筑物形态、风格和色彩缺少城市设计层面的引导和控制,整体性不强,在一定程度上影响了城市原有的肌理和尺度,减弱了山体在古城中的主导作用及自然与古城之间的有机联系。

此外,迫于城市扩展带来的老城中心与日俱增的压力,城市开始"蔓延式"无序生长,城市建设无重点、开发方向不明确,旧城套新区,新区围旧城,既无法形成完整的新区风貌,又不能使古城风貌得以较好地保护,自然导致城市整体风貌无序和城市特色的丧失。

第三节　当前空间发展调整和多中心体系优化策略

从霍华德的"社会城市"开始,对城市发展和优化的探索从未中断。多中心发展模式符合从简单到复杂的城市进化趋势,这种进化过程不仅强调发展的数量和速度,更重视发展的质量,特别是各中心之间的协同关系。济南城市空间的发展在其自组织与被组织的动力机制下逐渐向一种理想的多中心发展模式演进,即一种以网络联系为特征的轴向性多中心空间结构体系。它以轨道交通为骨架，将环状与放射状的网络形态有机结合起来，以中心城区、城市内部各级次中心、城市边缘区各种功能中心、新城以及近郊和远郊的城镇等为节点的网络化城市空间结构。在济南新一轮城市发展空间战略的制定中，首先应确立公共中心的等级结构和未来发展的多中心空间格局，制定空间调整和优化的实施保障策略，建设能有效提升区域中心城市职能，满足城市宜居、宜业需求导向的空间体系，才能实现城市发展与资源、生态、人文等各方面的和谐与共生。

一、多心协作，构建城市高效的共生发展格局

在济南多中心空间体系的发展优化中，应通过明确城市多个发展中心节点，充分发挥主要中心的空间集聚效益，主张功能综合的主要中心以及功能互补的次要中心有机结合，强调中心自身的集聚与扩散功能，实现网络结构的一体化（图3-21）。城市的各个中心由于发展阶段以及战略定位的不同，如功能完善、独立运行的新城，多功能混合的边缘区次中心以及专门化、

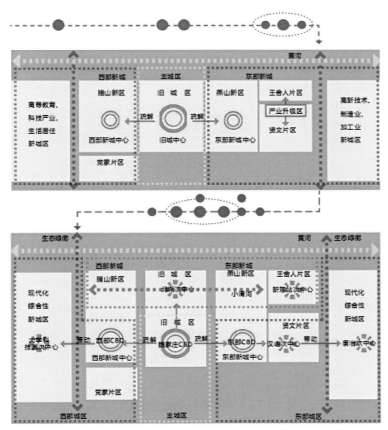

图3-21 多心协作的公共中心体系

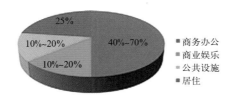

图3-22 复合式"强核"功能构成

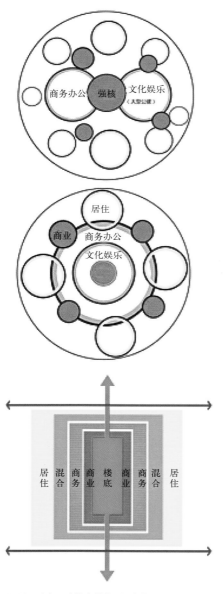

图3-23 中心区功能多样化、混合化

特色化和高度化强的商务中心、金融中心等。城市产业结构通过产业地域分工专业化的发展，依据次中心专业化与多中心群体整体综合化的互动发展模式，构建以中心城区为核心的网络功能体系。既可以达到城市有机分散化，也可以通过各中心协同发展提升城市整体性竞争力。

（一）发展城市功能复合式"强核"

与主城区人口疏解相辅，将市级公共中心区中的低端日常生活性配套服务向三、四级中心疏散。既要将城市功能合理分散到各中心，也要考虑各中心有适度的功能集中，发展城市功能复合式"强核"，注重其规模和整合功能的培育。通过突出高等级公共中心区域辐射影响力，从而带动整个中心体系走向鲜明有序的发展结构（图3-22）。

（1）保证老城中心的市级公共中心主导职能，将老城中心一部分的公益性服务中心职能向周边新城中心疏散。部分教育科研、行政办公、体育文化、医疗卫生等公益性服务业，因其大多属于高质量生活配套设施，应向东部、西部中心疏散，成为带动新城开发的"引擎"。

（2）将密集在老城的生活型商业、中低端服务业等用来满足城市居民就近生活需求的功能，其向培育的组团级、社区级中心疏散，加大老城保护的力度和加快复原核心旧城的速度。充分利用城市核心地区较好的资源基础条件，实现老城保护与经济发展的良性互动。

（二）强化次中心建设

历史上形成的单中心集聚发展的模式造成济南中心城区仍具有强大的内聚力，因此在城市建设过程中要避免由于次中心功能不完善、与中心城区规模等级差距过分悬殊而形成的"寄生"形态，强调城市各中心功能多样化和混合化，中心间相互协作、协调发展（图3-23）。

（1）培养和强化次中心具备独立生长的全能性，并有效调控新城的尺度与数量，在市域尺度下形成有机等级系统下的多层次、多中心网络。

（2）明确和强化次中心在城市空间体系中独立的空间定位和功能定位。保护次中心间存在的趋异性，使不同专能性中心组成的中心城区更有效地整合环境资源。由于各中心具有各自的生态位置，专门化功能，个体间就能避免直接的竞争，从而保持城市空间发展的稳定和有序。

（三）推进组团级、社区级公共中心建设

济南的组团级、社区级公共中心布局依据空间辐射范围和功能合理、交通便利和环境优美等原则，结合地区组团和社区规模合理配置。做到空间服务范围全覆盖、设施项目配置齐全、规模合理，避免服务盲区、服务不便和设施空置。同时考虑与城市地段空间景观环境相协调，结合开放空间和绿地景观核心进行布局，创造优美的空间环境。

二、多元关联，强化多中心网络联系

在济南多中心空间体系的发展优化中，应强调城市各中心功能多样化和混合化，中心间相互协作、协调发展。多中心网络体系通过多个具有增长极功能的、具有特色职能且联系紧密的公共中心而形成。不同尺度、不同功能定位的中心之间存在着密切关联是网络形成的基础和结构路径，通过交通网、绿道网、市政网、信息网的建设，形成多方位、立体化的合作网络联系，实现网络整体效率的提升。

（一）生态关联，形成绿色合作网络

城市生态系统是一个涉及社会生态、经济生态、自然环境生态三大子系统的生态体系，其中自然环境生态系统是整个城市生态系统的基础，也是影响城市生态环保质量最重要的因素。在城市规划建设中，要重视和切实保护好自然、文化遗产，使城市现代化建设与历史文化遗产浑然一体、交相辉映，既显示现代文明的崭新风貌，又保留历史文化的奇光异彩。

（1）两河三带、数廊多片，泉涌河畅、水清景美

济南泉河湖水系众多。水系凸显着泉、湖、河、湿地相融合的水之韵，镶嵌在城市各组团板块之中，回旋在古城的泉畔坊间，构成了山、泉、湖、河、城相融一体的城市特色风貌，承载着2600多年悠长而深厚的历史文化积淀。济南市城区分属黄河、小清河两大水系，各水系支流众多。小清河是市区唯一的排洪干道，大小支流20多条：腊山河、兴济河、工商河、西泺河、东泺河、柳行河、全福河、大辛河、韩仓河、巨野河等季节性山洪河流，南太平河、北太平河、虹吸干河、华山沟等平原人工河流，美里湖、洋涓洼、华山洼等湖泊洼地以及大明湖等观赏性湖泊。随着城市经济的发展，人水和谐、可持续发展理念已成为社会共识，城市发展无论是对水系的基础功能还是环境功能都提出了更高的要求。

　　2012年，水利部将济南市作为第一个创建国家级水生态文明城市试点。结合近日出台的《济南市水生态文明市创建规划（中心城区部分）（征求意见稿）》，济南空间发展与多中心体系优化需要对城市水系空间结构重新梳理，实现生态保育、防洪除涝、提升景观"三位一体"，形成"两河、三带、数廊、多片"的河湖水系空间格局（图3-24）。

　　两河：以黄河、小清河滨水游览带串联西部新城、滨河新区、东部新区；同时延续南北向的古城风貌带水系，融合东、西部新区时代风采，形成整个滨河新区的核心和灵魂。小清河沿线规划美里湖、北湖、华山湖、万亩荷塘等水体景观，点线结合，以景观河道走廊连通不同的城市功能区域。着重突出"文化清河、运动清河、绿色清河"规划理念，使水的灵韵与周边景观相生相融。

　　三带：根据区域生态环境要素、生态环境敏感性与生态功能空间分布规律以及地域、人类活动强度等，将市域分为南部生态保护带、中部城市泉水景观带、北部湿地风貌带三个生态功能带。南部生态保护带主要通过水资源调控、水土流失治理，从涵养与保护两方面入手，

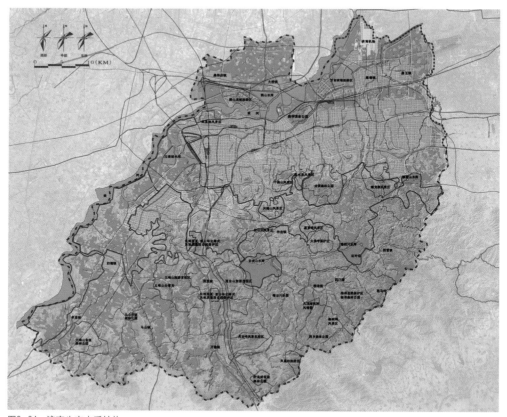

图3-24　济南生态水系结构

实施调水补源、水源涵养。卧虎山和锦绣川等水库上游营造水源涵养林，加强水土保持和小流域综合治理，逐步增加上游来水量，改善入库水质；同时加强生物多样性保护，防治废水和固体废物污染以及农业面源污染，提高水源涵养生态功能区的可持续发展能力。中部城市泉水景观带主要通过实施河道治理、多源补水、营造泉水景观，建设重点在于加强对泉水的保护、恢复济南特有的泉城特色景观风貌；通过整体规划泉水体系、整体塑造泉池水体的观赏环境，严格控制城市向南部发展，充分利用泉水涵养区现有的资源，营造高标准的泉水风景旅游保护区；在提高中心城河道排洪能力的同时进行综合整治，通过截污治污、绿化、调水等工程措施，营造水清、岸绿、路畅的滨水环境，将城区污水河变为生态景观河，形成城市蓝色景观带。北部湿地风貌带是以小清河环境整治、黄河大堤标准化堤防建设为基础，以自然景观和现有的湿地、林木、草滩、沙滩为依托，以保证区域生态安全为前提加强生态林建设和湿地保育，打造华山湖、鹊山湖、北湖等以水为特色的城市湖泊湿地，注重塑造亲水的滨水空间，组织好空间景观关系，创造舒适、连续、安全的步行滨水环境，形成集蓄洪、生态、景观为一体的生态湿地景区。

数廊：以城区的河流为依托，构建绿色景观廊道，自南而北汇入小清河。围绕腊山河、兴济河、工商河、全福河、汉峪河、韩仓河、刘公河、杨家河等多条南北向景观河流，在满足防洪排涝要求的前提下，整治改造河道断面，截污引流，增加岸线两侧绿化。采用自然岸线及护坡，结合两岸用地增加休闲、游憩功能，打造绿色滨河景观廊道。以全市水网为依托，以"水资源可持续利用、水生态体系完整、水生态环境优美"为主要内容，建立健全可持续利用的水资源体系、科学完整的水生态体系、优美宜人的水景观体系、布局合理的水工程体系、高效运行的水管理体系，实现"河湖连通惠民生、五水统筹润泉城"的目标。

多片：黄河、小清河等流经济南，造就了城市沿两河一线的湿地分布。济南的湿地主要分4种类型：河流湿地、湖泊和库塘湿地、沼泽湿地、人工湿地。其中，河流湿地面积1.05万公顷，主要分布在章丘、平阴、济阳、商河、天桥、历城、长清等平原地区。湖泊和库塘湿地面积0.57万公顷，主要分布在历城、章丘、长清和平阴等地，包括了白云湖、鹊山、玉清湖等16座人工水库。自古以来，城市依水而建，逐渐发展成了不同大小、不同风格的城市湿地。恢复和保护城市湿地，将城市融入大尺度生态系统中，有利于提升城市生态环境质量、提升城市人居形象和营造城市良好的人居环境、实现整个城市区域的自然生态风貌和人文景观的相互协调和统一，是实现城市可持续发展的有效途径。目前，济南市域范围内已形成多片湿地，包括：国家级湿地公园2处（济西国家湿地公园、黄河玫瑰湖国家湿地公园），省级湿地公园5处（澄波湖省级湿地公园、商河大沙河省级湿地公园、遥墙清荷省级湿地公园、白云湖省级湿地公园、燕子湾省级湿地公园），市级湿地公园 3 处（天桥鹊山龙湖市级湿地公园、商河清源湖市级湿地公园、济阳土马河市级湿地公园）。

（2）三环三横四纵、多楔多点多线，绿色空间生态隔离

济南多个组团状的带状空间形态，造就了绿色空间在城市结构上的镶嵌性。通过绿化隔离带进行有机分割和联系，确保城市形态上的多中心网络模式；建立等级有序的系统结构，增强城市空间系统的完整性和稳定性。

围绕济南市建设"生态园林城市、绿色和谐泉城"的目标，按照创建国家生态园林城市指标要求，构建绿地分布合理、生态环境优良、可持续发展的、"山、泉、湖、河、城"相融合的、独具泉城特色的国家生态园林城市。沿路、沿河宽窄不等，经纬交错的绿色走廊，将星罗棋布的公园绿地、单位附属绿地、郊野绿地等联为一体，形成大中小结合、点线面结合、环廊带结合、平立面结合的绿色空间，塑造"三环三横四纵、多楔多点多线"的绿地布局结构（图3-25）。

三环指由环城公园—二环路两侧—绕城高速公路两侧绿带为环形成的三个环状绿化带，三横指由沿旅游路—刘长山路延长线、经十路、小清河—工业北路两侧形成的三条东西向横向绿色廊道，四纵指沿北大沙河、玉符河、大辛河、巨野河两侧形成的四条南北纵向绿色隔

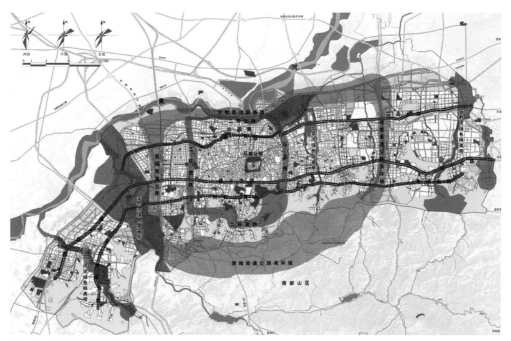

图3-25　济南绿地系统结构

离廊带。多楔多点多线指由沿城市道路、铁路、河流水系、高压线等向城市建成区楔形渗入的绿色空间和以公园、生产、防护等绿地构成的棋盘状分布的城市绿地。其中尤其注重对山体的保护，合理划定山体绿线、营造生态空间格局，保护观山视廊、做到显山透绿，强化山体作为城市绿肺、泉源涵养地等的生态功能。同时，赋予多中心间的绿色隔离带功能化，如大力发展都市农业、生态休闲空间等，使生态环境、都市农业及城市空间有机结合，真正做到功能意义上的城市空间共生发展。

（3）尊重历史、以人为本，城市活力再现

城市空间发展应充分尊重历史、崇尚文化，切实保护和弘扬自己的历史文化遗产；古今贯通，新老融合，实现城市历史文化的传承发扬与新的科学技术运用的和谐统一，城市历史文化遗产保护与城市现代化建设之间的和谐统一，历史、现在与未来的和谐统一，重现城市活力。

崇尚自然：注重保护自然环境，通过规划和引导，在空间布局上综合运用城市公园、景观生态廊道、居住区绿地、道路绿化带等构建多样化的城市绿地与开敞空间系统，创造分布均匀合理、满足各组团居民生活使用，体现片区特有自然风貌的绿地系统，实现城市环境与生态环境的有机融合。

尊重历史：充分考虑古城风貌元素、空间结构和用地布局，加强对文物古迹、历史性街区、传统风貌地区的保护，延续城市历史文脉，重现城市悠久的街巷空间形象。以城市文脉为主线，积极发展文化旅游的功能，展现济南传统的城市生活氛围，并从商贸、饮食、旅游、历史、建筑、美学、人文等层面体现济南的历史文化内涵。延续古城商埠城脉、保护历史文化名城的特色风貌；以宜人的尺度，营造人性化的街道和宜人的空间尺度，充分展现不同地段的特色，提升城市的环境品质；加强城市的服务功能，丰富市民生活；发掘城市的文化内涵，实现文化的传承与创新。在城市新区，加强城市色彩、建筑个性与风格特色的研究，规划建设具有鲜明个性和强烈冲击力的标志性建筑及环境空间，体现差异化，避免千城一面，塑造人与自然和谐的城市形象。

活力再现：保证中心功能与活动的多样性，再塑城市活力。培养功能多样性的共生是多中心网络体系的特色，也是增加或者复兴城市活力的基础。为进一步强化各中心功能的整体共生性，规划除引导公共中心内部功能的共生融合外，还应结合历史文化遗存和自然景观。以多个城市中心区特色产业、标志性公共建筑的建设为切入点，在传承历史文脉的基础上，加强对规划文化属性和地域属性的研究，深入挖掘城市特有的城市个性、文化底蕴和泉城魅力。通过道路、水系、绿化等环境基础设施建设，结合城市重要地段建设项目，从单体项目中显现群体效应，打造多个城市中心区的文化特色，逐步形成独特而鲜明的整体城市特色和城市风格。

（二）交通设施支撑，形成高效合作网络

根据空间组织理论，带形城市中的交通网络作为城市布局的"主脊骨骼"，对城市形态的发展起着重要的引导作用。带形城市布局中，需要协调区域内的交通设施，在更高层次实施宏观综合政策，强调规划与实施中不同行政区域间的协调一致；需要实现多种交通方式系统的功能整合，实现城市功能布局与城市交通系统的合理衔接；需要建立一体化的综合交通系统网络模式，包括道路网络模式、轨道发展模式和公交网络结构模式，以满足城市交通需求和城市空间布局要求，主要策略包括：

（1）城市交通分区域引导

从城市土地利用模式的角度看，主导交通方式和城市空间形态密切相关，大容量的公共交通和中高密度的开发相协调，私人汽车交通和低密度的居住方式相协调。城市必须选择适合经济发展阶段的交通发展模式，避免给城市发展带来很大的负担。济南市东西长60公里，南北长14公里，城市呈带状组团式布局。根据城市特征，济南对中心城区分区域设定相应的主导交通方式。济南市南部地区多山，适宜发展成低密度的居住和旅游休闲功能用地。因此，该区域应以营造良好的环境为主题，采取"宁静交通"：一方面提供方便的公交系统服务，另一方面应适度满足小汽车的出行需求。济南中部为城市发展中高密度区，适宜发展大容量公共交通系统；在边缘区建设机动化快速走廊，支持城市带状发展。两端城市新区的开发坚持公共交通走廊和机动化走廊建设并重的原则。

（2）坚持公交优先发展，强化公交都市建设

优先发展大运量轨道交通体系，强化老城与新城之间的高效联系，构筑沿轨道交通走廊发展的新城区。在新的城市布局形态结构的塑造中，城市的土地利用和交通体系将成为一个密不可分的统一整体。尤其是快速轨道交通线与高快速道路构成的"双快"交通体系，在带状多中心的城市结构框架下，对于提升新城的可达性、缩短时空距离乃至整个城市布局形态结构的塑造都具有更为突出的影响。

近期以快速公交系统建设推动济南城市发展。从建设快速公交系统的角度出发，从点、线、面等不同区域范围整体推动城市的发展。宏观层面采取引导模式，根据城市发展的要求合理地规划大、中运量的快速公共交通走廊，配建换乘方便的公交干线，形成整体有序的网络状结构；中观层面采取带动模式，鼓励在建成区内沿快速公共交通走廊进行填充与改建，形成走廊效应和沿线土地使用的"带状＋点状"发展模式；微观层面采取联合开发模式，在快速公交线路工程的建设过程中，结合土地开发，协调优化城市结构，促进旧城区的有机疏散、开发区的填充式建设及建设城市新拓展区等。

（3）完善慢行系统，鼓励步行、自行车出行方式

实施"步行优先"的规划策略，把人们的购物、休闲、旅游活动从汽车交通的威胁中分离出来，增强城市中心区的活力、亲和力。把步行方式作为与其他交通方式转换的纽带，如与地铁站、停车场、公交场站等的换乘方式，同时保障步行者能在较短的时间快捷、舒适地完成；结合地上、地下步行系统，打造连续的立体商业步行连廊，在优化步行环境质量的同时提高商业价值。

注重对自行车交通的发展进行合理地引导，改善自行车的行车环境，并形成其与其他交通方式的衔接。与城市中心区规划的交通布局紧密结合，实施自行车交通网络系统建设。注重与地形地势、城市景观相结合，设置自行车专用道，创造优美的自行车出行环境。

（三）市政基础设施、信息网络支撑，形成立体合作网络

市政基础设施是城市良好运转强有力的支撑，也是改善投资环境的必要条件。对于老城中心，加大基础设施改造力度则是提升城市品位、完善城市功能的主要举措；对于新城中心，完善的基础设施建设可以全面推进和带动其发展。按照集约整合地上及地下空间资源、发展绿色能源的原则，确定各类市政设施用地和骨干管廊规划布局、各类市政基础设施规划指标和标准、科学预测各项基础设施需求量。

在市政基础设施建设等内容的基础上，济南应根据规模大小和具体情况形成多级独立单元，进而构成网络系统，不但能充分发挥各自系统的优势，且保证了某一单元的主系统出问题时，其辅系统能得到其他单元核的启动源，能提高整个区域范围内的生命线系统的安全性和高效。

（四）产业、资源共享，形成竞争有序的合作网络

根据城市空间发展的规律，不同的功能空间在城市中具有适合自己的区位，并随着城市的增长向多元化发展。伴随济南城市功能与空间结构不断进行调整，城市空间扩展演化不断出现的新的功能节点，发展成为专门化、特色化的城市中心。各个中心发挥着疏解城市人口和产业，拓展城市发展空间，平衡城市地域空间布局的作用。在多中心城市发展模式中，新城中心与老城中心之间，以及新城中心之间必然发生种种竞争与合作的关系，共生理论中称其为"斗争"与"互助"。个体间的"斗争"与"互助"是决定整体发展非常重要的内在因素。对济南的多中心体系而言，每个中心在发展过程中都具有与其他个体不同的吸引、争夺、拥有和转化资源，占领和控制市场及其创造价值以及为其居民提供福利的能力。在资源有限时，因对资源的共同需要而引起中心之间的相互"斗争"。现代城市的多中心网络体系中，通过改变城市内部各中心的关系以及中心城区与郊区的关系，建立有效的共生空间发展模式以促进

城乡之间功能上的衔接和融合。

多中心城市空间发展的可持续性，在于各个城市中心之间都能协调发展、追求共生网络的发展形态。济南应立足于城市整体，统一规划安排资源，制定统一的环境保护政策，加强各中心之间的联系进而提高城市公共中心体系的整体运作效率。多个公共中心在生存斗争和适者生存的过程中寻找适合各自的生态位，彼此形成错位发展，形成功能互补、各具特色、相互依存的有机整体（图 3-26）。

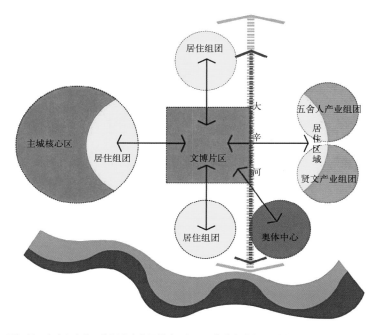

图3-26　多中心产业、资源共生发展模式图解（以奥体文博中心为例）

三、紧凑有机，塑造"整体疏、局部密、大分散、小集中"的空间形态

从新城到中心城区、从单个中心到中心群体，通过其相互之间的多种有形或无形的联系相互作用，形成了多中心的空间网络体系。基于现实语境，在空间发展形态方面，济南多中心体系要考虑其垂直结构和水平结构的共同发展。这不仅要求空间扩展从单纯的平面扩张向立体发展演变成集中紧凑的城市空间形态，还要对过密的中心城区进行疏解，使城市密度在区域中呈现合理的分布。增加区域不同的尺度层次，有利于协调统筹，疏导中心城区的压力，同时促进新城的集聚效益。紧凑发展，保证多中心等级体系合理；不同等级的城市中心利用不同空间和层次的资源，形成一个有机的网络空间体系。

（一）由平面扩张向立体紧凑发展

自 1985 以来，济南常住人口增长了 1.7 倍，但是建成区面积增加了 3.5 倍。一般来说，规划只能控制建筑密度，无法直接控制人口密度。除此之外，规划还可以通过减小土地使用面积或限制容积率来降低密度，也就是说要通过限制建筑面积来达到限制人口密度的目的。但事实上，控制容积率最直接的后果是减少了城市住宅供应量，一定程度上造成城市住房市场供不应求的现状，供不应求导致房价提高，而高房价势必降低住宅的可支付性，使更多的人因无力买房而挤住在一起。在目前经济快速发展的大环境下，无论限制建筑密度还是容积率，都会刺激土地消费的水平空间扩张，不仅增加基础设施的投资需求，还降低了基础设施的承载力，加重财政负担。

在多中心空间体系发展中，济南亟待实现水平扩展向立体式发展的转变。由于开发密度高、土地和空间资源有限，城市空间的立体式发展应打破平面规划的禁锢，运用多维穿插和层叠的手法来整合城市空间，提高土地利用效率，塑造具有内聚特征的全能性生长状态（图3-27）。通过相互迭叠的多层平面实现在密集的城市中心城区中人行和车行系统的分离与联系；城市交

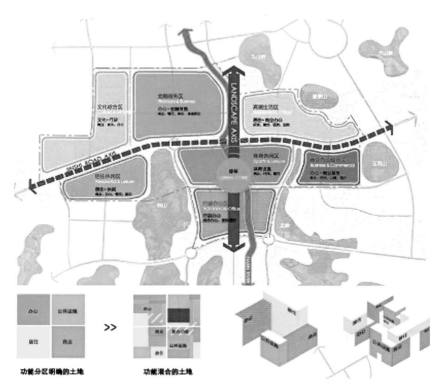

图3-27　公共中心立体紧凑发展示意（以奥体文博中心为例）

通系统中不同交通方式的立体转换，城市广场高抬或下沉以改善高空和地下的环境质量，城市空间的多维度综合利用，自然要素、生态景观与建筑、交通、市政设施的上下层叠等多维规划手法的运用，促使城市"立体"生长。

（二）由均质分布向功能混合发展

多中心空间体系是形态分离、功能联系有机整合的发展模式，是一种比原来更大空间尺度下的集中与城市内部一定尺度分散的有机结合。根据城市的功能和多种条件把城市有机地分解、组合成若干个区域，并使其有足够的灵活性，以适应城市有机体的生长。城市不再是"大饼"一块，规划将有问题的集中通过分散的办法加以解决，恢复城市空间的有机秩序。通过有机疏散中心城区的人口和功能，有机集中发展新城中心，集中与疏散有机结合，建立大分散、小集中、宏观分散、微观集中的网络体系（图3-28）。

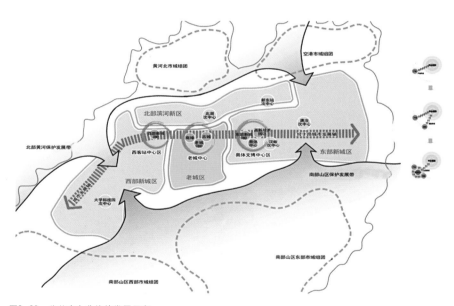

图3-28　公共中心非均值发展示意

济南多中心体系强调紧凑为前提的空间集中与开敞的结合，倡导功能有机疏散的主要中心和有机集中的次要中心的有机整合（图3-29）。城区主要中心有机生长，将各种功能与用地空间有机结合起来共同组成一个整体有序的结合体，建立起功能的自我平衡，保持一种协调和谐生长状态。同时，在多中心体系的生成过程中，城区的"强核"中心起着主导性作用，次级中心功能的优化疏导和各中心的尺度和等级关系进行着微妙的协调，携手实现城市空间体系的健康发展。

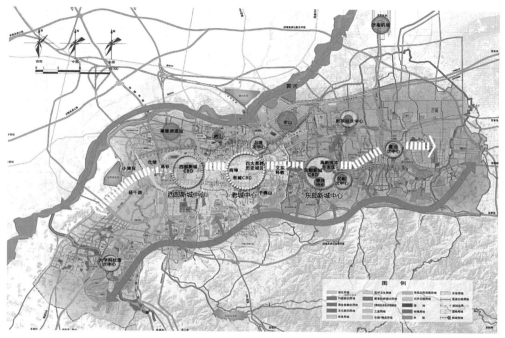

图3-29 强核主导、多中心疏解协作的空间发展格局

第四节 未来空间发展演绎和大济南地区构想

回顾之前的脉络，似乎一直在寻觅济南城这许多年的空间演变记忆；而比这些更为重要的，是在拨开纷繁复杂的城市问题后对现阶段济南城市空间发展方向的总结和思考。本书从较为详实的理论及实践经验中得到启示，将网络状空间结构的发展方向有助于城市空间体系的整体梳理和优化作为一个重要的结论，认为规划构建以"三主、四次、多元共生"为主要特征的四级公共中心网络状空间格局，是基于目前济南城市发展状况而判读的、一定发展时期内的理想目标。但是，随着城市的阶段性发展、经济环境的变化，既定的公共空间体系的空间格局可能又会发生新的演化。

一、区域空间视角："城市的希望在于城市之外"

（一）从更大的空间范围研究济南

在很多文献中，不难翻阅到济南这样的解读："济南，著名的泉城和国家历史文化名城"。从历史上明府城"单核"城市到近代古城、商埠东西并列的"双核"城市，到20世纪中后期类似"摊大饼"式的空间扩张，历史上的济南，其城市发展也曾受南部泰山山脉和北部黄河天堑的限制，在南山北水之间的平原地区苦苦找寻拓展空间。进入 21 世纪后的十多年间，济南获得了更多语境下不同的解读："济南，山东省省会，全省的政治、文化、科技、教育中心和交通枢纽，济南都市圈的经济中心城市和辐射带动核心，环渤海地区南翼的重要城市"。从"东拓、西进、南控、北跨、中优"的城市空间发展战略下的"多中心"城市，到理想的"多元、多心"网络城市，济南的历次城市发展变革，因为区域性的思考方式，开始得到崭新的突破和本质的提升。

刘易斯·芒福德认为，"真正的城市规划必须是区域规划"，只有基于区域规划之上的城市规划才是有根据的和完整的，也才能够适应未来的发展。2000 年，吴良镛先生在《大北京地区空间发展规划遐想》中，从更大的空间和更多的可能性，看到了北京城市形态发展的未来。"城市的希望在于城市之外"，区域性思维为城市的发展找到新的出路：京津冀、珠三角、长三角、山东半岛、杭州湾、闽东南、长株潭等地区均编制了城市群空间规划，以南京、苏锡常、杭州、宁波等大城市为核心的都市圈规划也成为通过区域空间规划提升大城市竞争力、拓展大城市发展空间、综合协调区域内各种资源并带动周边中小城市一体化发展的重要实践趋势。在未来的发展中，我们依然要坚持"区域"思维，从更大的腹地范围来寻求更宽阔的城市发展空间，实现城市资源的优化配置，实现网络化的空间生长模式。

（二）区域空间层次解读

在《济南城市总体规划》（2010–2020 年）"城市远景"中提出，"中心城远景发展应严格控制城市建设用地向南部山区延伸；合理扩展并继续完善西部城区和东部城区；规划区在中心城发展格局基础上向东扩展至章丘，向北扩展至济阳；在黄河北建设新城，逐步实现跨黄河发展。"现阶段明显的趋势是，在山东地区已形成了"一群、一圈、一带"的空间结构，即济南都市圈、半岛城市群、鲁南城市带的宏观背景下，济南的发展将逐渐由集聚发展走向扩散，城市的发展将逐渐融入区域之中（图 3–30）。

现阶段明显的趋势是，济南的发展将逐渐由集聚发展走向扩散，城市的发展将逐渐融入区域之中（陈睿，2007）。未来，既有的多中心网络形态是否会延续？"三主、四次"的多中心体系又会有什么变化？需要在更大的区域空间分不同的圈层上进行一一解读：济南都市圈、济南都市区和济南核心区。

第一个层次是济南都市圈。济南都市圈包括济南市、淄博市、泰安市、莱芜市、聊城市、德州市、滨州市等七市市域范围，是以济南为核心，联合周边多个不同规模等级和功能、并具有一体化发展趋势的城市地域。总体结构布局为"一极、一区、六轴"。一极即济南中心城区

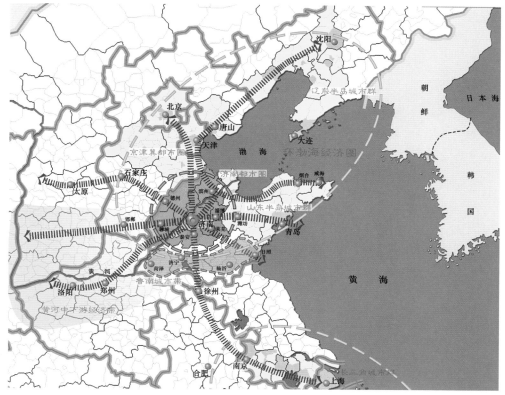

图3-30　山东省域城市群(带)发展重点

增长极,一区即济南都市区,以济南、淄博为经济要素集聚的双核,以泰安为休闲服务中心,是带动济南都市圈整合发展的引擎区域。"六轴"包括三条主轴和三条副轴,分别是聊济淄发展主轴、德济泰发展主轴、滨淄莱发展主轴、德滨发展副轴、聊泰莱发展副轴和济莱发展副轴(图3-31)。

第二个层次是济南都市区。济南都市区包括济南市全域、淄博市五城区、桓台县、泰安市二城区、德州市齐河县、滨州市邹平县等县市范围。总体定位为济南都市圈的人口、产业集聚的重心和核心竞争力区域,形成两圈层结构。外圈中章丘、邹平、桓台是济南都市区先进制造业的主要承接地;济阳及济南北部新城应依托济南主城作为济南都市区辐射带动都市圈黄河以北地区发展的龙头,商河作为次中心;平阴应作为济南都市区向西拓展腹地的门户;齐河应作为济南都市区辐射带动鲁西北发展的一个新翼;泰安与济南主城同城发展,共同保护和利用泰山风景与历史文化资源。

第三个层次是核心区,即以中心城为主体的大济南地区。核心区是区域内的增长极核,

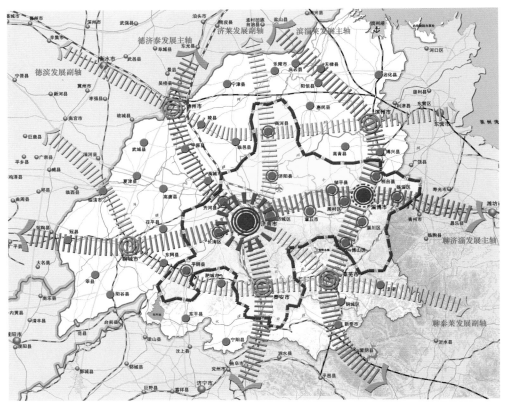

图3-31　济南都市圈总体结构格局

是都市圈各地区的经济联系中心，是为都市圈其他城市提供生产服务和发展机会、带动都市圈整合发展的"服务型"增长极，是带动济南都市圈整合发展的引擎区域。具体范围参照《济南城市总体规划》（2010-2020年）"城市远景"中提出的"中心城远景发展应严格控制城市建设用地向南部山区延伸；合理扩展并继续完善西部城区和东部城区；规划区在中心城发展格局基础上向东扩展至章丘，向北扩展至济阳；在黄河北建设新城，逐步实现跨黄河发展"，通过中心城区与周围一定范围内资源环境、基础设施共享，产业经济活动密切关联的地域协同发展而形成的，形成一体化倾向的城市功能区域，包括济南中心城、章丘、济阳、商河、齐河等紧密联系的地域。

二、未来空间发展模式

在区域视角下，如何通过地区整体优势的结合和协作型的竞争，与若干个不同等级、不同功能的中心区域组成的联系密切、功能互补、结构紧凑的大济南都市区域，引导城市实现

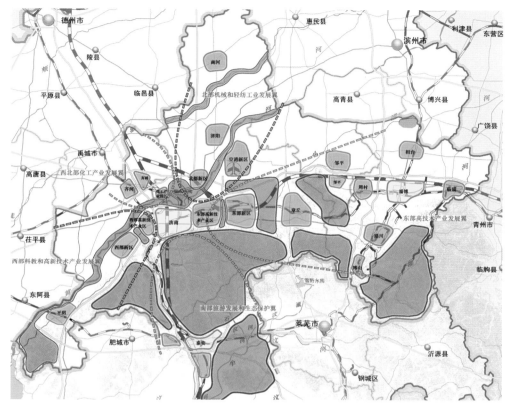

图3-32　济南都市区结构示意

跨越式发展，形成具有强大凝聚力与辐射力的地区经济社会发展中心，成为济南长远发展中面临的重大战略性问题。

未来，济南城市空间的发展在其自组织与被组织的动力机制下继续向理想的网络发展模式演进，延续以网络联系为特征的轴向性多中心空间结构体系。在网络生长、弹性推进的模式下，将调节性、目标性与渐进性决策结合起来，按照合理的开发时序进行功能的对接和空间的拓展。立足于城市整体，统一规划安排资源、交通网络和基础设施，制定统一的环境保护政策，以中心城区、城市内部各级次中心、城市边缘区各种功能中心、新城以及近郊和远郊的城镇等分工协作、紧密联系，实现舒展有序、和谐共生的网络化城市空间体系（图3-33）。

（一）网络生长

城市网络是在信息化、全球化与网络化时代背景下出现的新型城市空间组织形式与发展范式，这种范式明显区别于传统城市地理学中所普遍接受的中心地区发展模式，其概念内涵也有别于一般意义上的城市体系。济南是国内在新经济推动下提出由单中心向多中心网络结构

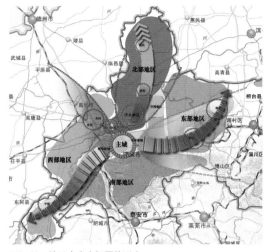

图3-33 地区未来空间网络形态

转变的特大城市之一。快速城市化发展背景下，伴随着城市公共中心的分布分散化、功能混合化、界限模糊化等特征的出现，针对城市综合问题的日益显现，多中心、网络状的空间结构作为一种理想化的发展方向，继续指导城市空间体系共生、繁荣发展。

未来，在网络城市理论的基础上，结合济南城市空间紧凑、集聚发展的特质和需求，大济南地区的空间结构仍将延续舒展有序的多中心网络模式。作为一种可持续的城市空间体系，通过在互补或相似的城市中心之间形成水平和非层级性的联系，节点内部鼓励"紧凑型、精明型混合使用"，最终致力于构建一种注重特色与文化、分工与协作，竞争有序、高效节能、可持续发展的城市有机体。

（二）弹性推进

城市空间网络体系作为一个有机的生命体，网络中的低级中心节点可以通过自我发展成为一级中心，体系之外的新增长极也可以加入网络体系，成为网络体系中新的成员。

未来，在大济南地区的空间发展中，一方面，继续重构和分化城市功能组织，选择具有优势的区位点，培育多个"增长极"，建设新的城市功能单元，形成若干功能相对明确、生活相对独立、空间相对分离的组团或多核结构。另一方面，继续梳理城市各个中心的主导功能，合理发展配套产业，进行功能性集中，以确保该地区城市生活的丰富多彩；对不适宜本地区发展条件的产业进行有机地分散，避免城市中心地区的过度集聚。通过构建多中心网络体系优化城市空间布局，主张功能综合的主要中心以及功能互补的次要中心有机结合，充分发挥多核心一体化发展的集聚效益，提升城市整体竞争力。

三、可能的变化和空间取向

依据济南城市化发展的空间分异及演变趋势，大济南地区作为区域服务业和先进制造业高度发达的极核和经济增长极，未来的空间发展应考虑向东合并章丘，与山东半岛城市群建立产业关联；向西贯通齐河方向，连接聊城、德州，加强与中原城市群的联系；向北跨黄河发展新城，加强与京津冀城市群的联系。

在大的区域构架下，未来济南的城市空间结构继续向复合多心网络模式发展，以主城为核心，以东部、西部、北部等新城为衔接点，充分考虑城市未来发展的现实性和可能性，将位于中心城周边发展轴上的已具备一定发展基础的县城或城市作为城市新的空间增长节点，发展为新的二级城市中心。其中最为显著的空间发展取向为：

（一）北跨：黄河北发展二级中心

带状城市发展到一定程度会拉大城市的运营成本。济南的城市空间结构长期以东西向带状发展为主，未来如果城市继续延续东西带状增长方向，必然会出现东西向交通量大、出行成本高等问题。黄河作为城市北部的天然屏障，黄河以北地区较为充足的发展腹地，将成为大济南发展必然的拓展空间。北跨将优化济南空间结构，减少济南城市东西向带状发展的成本，优化城市整体运营效率。

从目前来看，济南市区虽高度集聚，但黄河以北的大桥、崔寨镇和商河县、济阳县无论在城镇人口密度还是全部人口密度上均处于较低水平，成为济南城市化发展过程中的一个盲点（图3-34）。同时，济南西北部的齐河县虽在行政隶属上归德州市管辖，但无论从地理位置还是经济产业关联上，受济南市吸引和辐射影响更大（图3-35）。总之，由于北部、西北部地区发展的相对缓慢和定位的不明晰，济南在辐射黄河以北地区的过程中明显缺乏中心城市的带动作用，黄河以北地区在产业发展上与济南关联性并不高。周边城市如德州为了减小与济南联系的风险，已有苗头改变经济联系方向，加强了与京津之间的经济联系，形成了一些新的增长点，这也无不与济南向北辐射能力不强有关（陈睿，2007）。基于济南的发展现状和区域要求，济南市跨越黄河、向北发展势在必行，黄河以北地区将成为济南中心城区对接济南都市圈北部德州、滨州两市的重要地区，对实现城市内在结构优化调

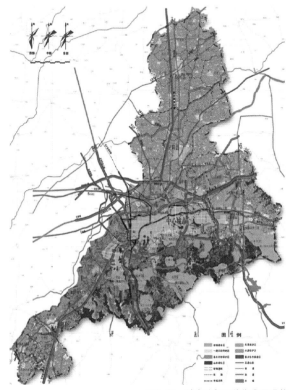

图3-34　城市北部不均衡发展现状

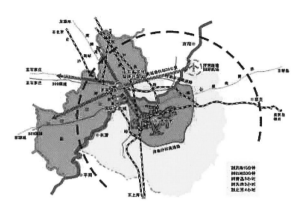

图3-35　济南"半小时生活圈"与齐河

整、城市社会经济空间协调以及城市的生态基础建设等方面具有战略意义。

实现这一发展目标的空间措施即是要加强跨黄河通道的建设，增加黄河以北县域与济南的空间联系；并且加强济南黄河以北城市二级中心的建设，充分依托区位优势，借助北向交通要道（济—德—沧—津—京），强化与环渤海北翼的空间联系，带动鲁西北相对欠发达地区的发展。最有可能形成的两个二级中心为：

一是崔寨地区。将北部紧邻中心城区的桑梓店镇、大桥镇以及济阳县的崔寨镇为载体，形成黄河以北新城的核心城区，辐射并联动济阳、商河等县城及镇南北轴向发展，构筑济北二级新城中心的总体格局（图3-36）。未来，应承接中心城区的利好，充分发挥优势产业的辐射带动作用，加强与中心城区的交通联系、逐步完善市镇建设，引导主城区人口迁移和黄河以北地区人口城镇化，同时形成以新材料基地以及鹊山龙湖为基础，产业发展和新城建设互动发展的格局，打造带动济南市跨越发展开发开放的新引擎。

二是齐河地区。充分考虑城市未来发展的各种可能性，打破行政区划的束缚，将西北部位于济邯铁路与京沪铁路交会处的齐河县城及周边区域，作为大济南地区西北方向的主要拓展空间和有机组成部分。以齐河县为新城中心城区，与天桥区等北部城区联动发展，构筑西北部二级新城中心（图3-37）。未来，应整合齐河与中心城区的公共交通与基础设施建设，加强空间联系和产业联动，打造区域一体化的开发策略，依托济—德—冀—京交通轴线发展物流业，共同打造黄河生态旅游区，促进都市圈协调发展。

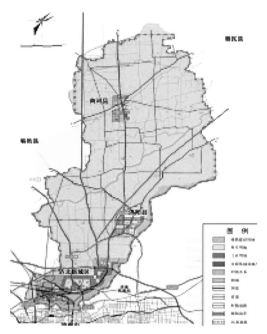

图3-36　济北二级新城中心

（二）东合：东部跨界整合二级中心

章丘新城在济南中心城以东约38公里处，位于城市东西向主要发展轴——胶济城市发展轴上，

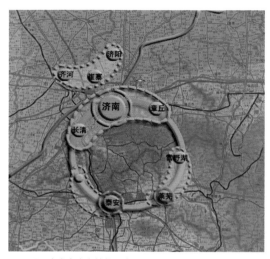

图3-37　未来多中心结构及中心区分布示意

是半岛城镇群的有机组成部分，是最有条件发展起来的新城市二级中心（图3-38）。在环渤海经济圈崛起、济南都市圈成形、城市发展面临阶段转型的宏观背景下，济南应突破城市行政辖区限制，实现中心城与章丘的跨界整合、协同发展，从而优化东部城镇体系与空间发展格局，引导大济南地区空间重构、构建和谐大济南，进而提升城市综合竞争力。

四、相关策略与谋划支持

（一）空间策略

（1）发展中心"强核"

突破中心城区内主要中心辐射能力不强的现状制约，强化老城、奥体文博、西客站一级中心的城市高端服务业发展功能和区域辐射影响力，带动整个中心体系走向鲜明有序的发展结构，从而为大济南地区乃至更大范围内的金融、商贸、信息、科技、文化中心和企业总部集聚提供支撑。同时，与主城区人口疏解相辅，将市级公共中心区中的低端日常生活性配套服务向外围中心疏散。

这里不仅是强调了济南三个一级中心的强化，而更应该强调以大济南地区为整体，四级公共中心一体化为基础的多中心大城市区整体的功能强化。同时，随着制造业相关功能在济南中心城区的周边地域内集聚，并向淄博等具有传统发展优势的制造业基地的空间方向延伸，带动这些地区的快速城市化和经济发展进程，从而共同构成济南都市圈城市与产业发展的中心地带。

（2）培育外围"次核"

突破外围中心集聚不够的现状制约。一方面，明确和强化外围次中心在城市空间体系中独立的空间定位和功能定位，保护次中心间存在的趋异性，使不同专能性中心组成的中心城区更有效地整合环境资源。通过基础设施的高标准建设，根据差异化发展战略，促进外围城市中心城市产业功能的集聚和经济实力的提升，使之成为未来城市发展的次要极核和支撑。如重点发展东部新城的高新技术产业和现代制造业，章丘的重型汽车、先进制造业，西部长清教育及相关产业、农业生物技术产业，济北一齐河化工及现代物流业，空港地区临港工业等产业，将电子电器设备制造、汽车零部件、机械设备制造作为产业重组的重点。此外，南部山区旅游资源，中部泉城与北部黄河风景带的综合开发也将构筑核心都市区旅游一体化发展的新格局。

另一方面，避免由于次中心功能不完善、与中心城区规模等级差距过分悬殊而形成的"寄生"形态，培养和强化次中心具备独立生长的全能性，完善外围功能中心的居住、商业以及休闲娱乐环境，通过各项生活设施的配套和基本制度的完善，积极促进其快速城市化进程。其中特别需要注意的是，各中心必须启动复合高效的土地开发模式，避免城市在快速城市化过程中出现的仅为拉开城市发展框架或优化城市环境而出现的人均用地过高的现象，应复合地赋予其各项城市功能，优化城市结构，避免各种城市问题的出现。

（二）产业策略

未来济南城市空间发展的可持续性，在于各个城市中心之间都能协调发展、追求共生网络的发展形态。应立足于城市整体，统筹协调发展，优化产业布局，将产业结构调整与城市用地布局结构优化紧密结合，探索产业与空间结合的新路径，构建错位发展、优势互补、深度融合的空间格局。

突破城市不同行政区划之间地方保护规则与经济壁垒，以及各个中心发展阶段战略定位的差异，通过产业地域分工专业化的发展，依据次中心专业化与多中心群体整体综合化的互动发展模式，构建以中心城区为核心的网络功能体系，通过各中心产业、资源共享、协同发展，提升城市整体性竞争力。同时，加强一级中心、二级中心同其腹地范围各中心或县域之间的产业关联，促进具有产业上下游关联的企业在同一或相近地区内集聚，培育产业链发展环境，扩大产业集群规模，以构成城市发展多组核心竞争力。

（三）支撑体系

（1）综合交通整体建设

通过多种交通方式系统的功能整合、实现城市功能布局与城市交通系统的合理衔接，建立以中心区为核心、不同等级线路为客运走廊的一体化和多元化的公共交通网络体系，协调区域内的交通设施，以城市轨道交通及快速路为骨架实现主城区半小时通达圈，以城际铁路及高速公路为骨架构筑国际化大都市区1小时通勤圈，促进地区一体化发展，增强其对周边的辐射带动作用。

（2）市政基础设施网络支撑

根据规模大小和具体情况形成多级独立单元，进而构成网络系统，不但能充分发挥各自系统的优势，且保证了某一单元的主系统出问题时，其辅系统能得到其他单元核的启动源，能提高整个区域范围内的生命线系统的安全性和高效。

（3）生态环境和谐发展

从地区生态环境实际出发，统筹规划景观带建设，充分利用河流、水系、湿地等资源，科学规划城市功能分区；通过构筑区域内开敞空间体系，控制生态保护区，形成以自然保护区、人文景观区、水源涵养地、基本农田保护区以及城市与组团、新城之间隔离带组成的绿色空间体系，构建多中心、开放式、以生态隔离带相间的山水生态城市。

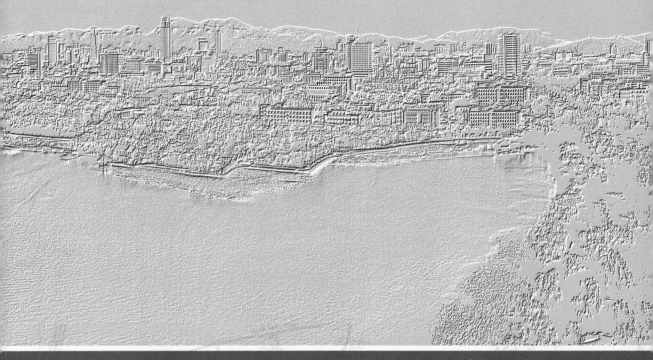

第四章 山水泉城、和谐共生：济南公共中心网络体系构建

　　由单中心向多中心转变是济南自20世纪末以来重要的空间发展策略。由"一城两区"向"一城三区"跨越的空间发展轨迹为济南不断描绘出"山水泉城、和谐共生"的美好空间愿景。现阶段，在城市空间发展调整和多中心体系优化策略的指引下，构建多心协作、多元关联、生态为先、紧凑有机的多中心网络体系成为济南实现城市空间优化和可持续发展的关键。

第一节 中心确立

根据地域和城市空间发展战略，以及公共中心在城市地理空间中组合分布形成的等级和布局特征，对公共中心进行分级、分布，实现市域范围内的功能疏解，是构建多中心网络体系的第一步。具体来说，要做到三个对应：中心分级应与其辐射范围、服务能力等对应，即做到等级结构清晰有序；中心空间分布应与其服务的范围等对应，即空间结构科学可行；中心主导功能应与其所属的城区或片区定位等对应，即功能结构明确合理。对应《济南城市总体规划（2010-2020年）》提出的市级、地区、片区及社区公共中心四级等级，提出"三主四次"公共中心空间体系设想，规划建设"城市级公共中心、片区级公共中心、组团级公共中心及社区级公共中心"的四级公共中心体系，确立以市级公共中心为主体、地区中心为骨干、片区和社区中心为基础的多层次的公共中心网络架构（图4-1）。

一、中心判读

作为一个带状多中心城市，济南在选择城市公共中心作为网络发展节点时一般会依据几点进行判读，如：区位条件——中心是否处于城市发展的主要轴线上或者区域经济发展带上或毗邻工业区、高新技术园区、保税区等产业园区；交通条件——中心是否临近大型交通设施（飞机场、火车站、高铁等）或对外道路衔接便利；土地条件——中心土地存量是否相对较大，或土地现有性质、现状较易改造、改变；产业条件——中心是否处于产业转型的时期，或对三产的需求增加、商务聚集度增加。对各个中心的判读，应根据城市不同时期的特定机遇，摸清发展需求，考量具体的发展条件，选择适应城市现阶段发展需求的城市中心（表4-1）。

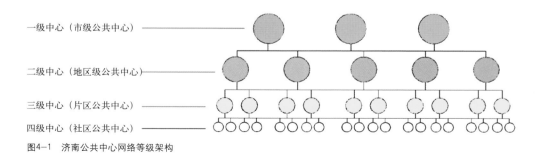

图4-1 济南公共中心网络等级架构

济南公共中心发展条件评价标准（以主要中心为例） 表4-1

		老城CBD	东部新城CBD	西部新城CBD
区位	位于城市主要发展轴上	○	○	○
	毗邻已具规模的工业园区、高新技术园区	×	○	×
交通	临近大型交通设施	济南东站	济南机场 济南新东站	京沪高铁
	交通主干道数量	快速路1条 主干路6条	快速路1条 主干路4条	快速路3条 主干路6条
	距离城际高速的距离	远	适中	近
	大运量城市交通	轨道交通	轨道交通 BRT	轨道交通
土地	存量	少	较多	多
	腹地	紧缺	广阔	不足
	更新难度	大	一般	小
产业	产业状态	旧区重整 产业升级	退二进三	未启动
	商务聚集	强	强	暂不明显

（一）一级中心

济南的一级公共中心，主要定位是为城市乃至更大的济南都市圈等区域范围服务的综合职能型和专业职能型公共中心。

结合济南空间发展轨迹和城市空间发展战略，对城市一级中心基础发展条件的多方位对比发现：老城中心、奥体文博中心、西客站中心，或处于济南城市主要发展轴和经济发展带上，或处于城市第三产业发达区域、商务区位聚集优势明显，均符合城市空间发展特质。同时，综合各方面因素如土地、第三产业等方面，济南一级中心的空间格局建设，应从老城中心区和奥体文博中心区为起始，合理控制老城中心区的规模，减少旧城人口、交通压力。西客站中心的建设应结合济南的实际发展情况，寻找恰当机遇，顺次发展。避免商务办公空间过剩，空置率过高的现象出现。

（二）二级中心

济南的二级公共中心，主要定位是为相对独立完整的地区或行政区范围提供服务的公共中心。它是城市特定片区内政治、经济、文化等活动的聚集核，承担相应经济运作和公共管理职能。

　　根据城市"一城三区"的城市空间发展框架和现状条件，滨河新区北湖中心、新东站中心、汉峪中心、唐冶中心、大学科技园中心均为城市片区级重要的公共中心。其中：滨河新区北湖中心是服务济南北部的城市商业中心和城市公共活动中心，以休闲旅游和文化传播为特色。新东站中心是服务于区域及东部交通枢纽型商务商业消费中心，以与铁路、交通枢纽、旅游休闲为特色。汉峪中心是服务济南东部的新城和产业园区的金融商务中心，提供产业升级、总部集聚的空间，是济南东拓的重要载体。唐冶中心是以行政办公、商业服务、文化体育、生活居住为主导功能的城市二级中心。大学科技园中心是以大学科技园、园博园为带动，以教育培训、科技研发、文化创意、旅游休闲、商贸会展为主导功能的城市二级中心。二级中心作为区域中心，同时服务于几个片区构成的区域，分担部分市级公共配套设施，其设施的标准和规模略低于城市级公共中心。

　　结合济南空间发展轨迹和城市空间发展战略，对城市二级中心基础发展条件的多方位对比发现：滨河新区北湖中心、唐冶新区中心、大学科技园中心、新东站中心符合当前济南城市二级中心的发展特质。汉峪中心因其距离奥体文博一级中心较近、职能特色的互补性，在未来城市空间发展中应纳入奥体文博中心。

　　（三）三、四级中心

　　济南的三级公共中心，主要为人口规模在 12~30 万左右的大型居住片区、大型产业功能区或重点镇范围提供综合配套服务的公共中心。四级公共中心，主要为人口规模在 3 万 ~5 万左右的大型居住区、一般产业功能区或一般镇范围提供综合配套服务的公共中心。

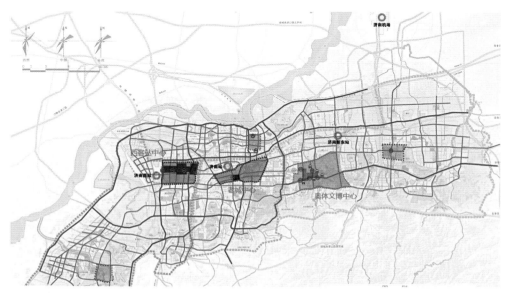

图4-2　济南城市一级公共中心分布

二、发展强核：三个一级中心确立与定位

（一）老城中心

老城中心，位于中心城区二环以内，是全市的行政管理、商业金融、教育科研、医疗卫生、文化体育、休闲旅游、生活居住、客运交通中心，是泉城特色和历史文化名城保护的核心。

中心区通过泉城特色标志区、魏家庄商务金融区、商埠区的建设，重新构筑济南"一城山色半城湖"和现代商务金融、传统商业文化两位一体、和谐共生的良好城市形态和空间格局，规划配置多处市级、省级大型公共服务设施（如：恒隆、省科技馆、泉城广场），打造服务于整个市区并塑造城市形象、带动周边地区发展的泉城新地标（图4-3）。

图4-3　老城中心

（二）奥体文博中心

奥体文博中心，位于东部城区，是以高新技术产业、先进制造业、战略性新兴产业和商务会展、科教研发、体育休闲等现代服务业为主导，生活配套、设施完善的现代化新城区，是"东拓"城市空间战略的主要承载地。

中心区充分利用奥体中心、省博物馆等高科技与文化资源优势，与软件园等研发中心协同构筑东部城区的核心组团，定位为山东省和济南市的高端服务中心、中介服务中心、专业培训中心及高端消费商贸集聚区和金融保险业副中心，打造立足于东部城区、服务整个济南市的文化产业、创业产业集聚中心（图4-4）。

图4-4　奥体文博中心

（三）西客站中心

西客站中心，位于西部城区，是以高端商务金融、商业会展、文化创意和旅游休闲为核心产业，功能布局合理、综合配套完善的开放、高效、绿色的现代化新城区，区域性现代服务业中心，是连接老城区与西部城区的重要节点、城市经济增长新引擎。

中心区按照"齐鲁新门户、文化新高地、泉城新商埠、城市新中心"的目标，建设生态品质优良、新兴产业繁荣、城市功能齐全、人气商机集聚的现代化城市新区，规划配置省会文化中心、国际会展中心等大型文化设施，通过京沪高铁枢纽站点加强片区与主城区、东部机场的联系，使该地区具有更优越的发展潜力及更强的辐射力（图4-5）。

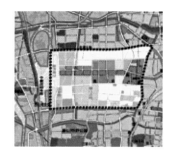

图4-5　西客站中心

三、功能纾解：四个二级中心确立与定位

图4-6　济南城市二级公共中心分布

（一）滨河新区北湖中心

滨河新区北湖中心，位于北部城区，是以旅游观光、文化传媒、娱乐休闲、商贸服务、生态环保等战略性新兴产业和现代服务业的城市新区，是济南市北部新的城市拓展功能区（图4-7）。

中心区利用特有的水岸资源，依托小清河良好的自然环境，同时注重滨水地区的功能复合性，通过提升滨河新区的竞争力建设职能全面、功能混合的中心区，以此全面提升济南北部地区的公共服务职能，构建更为均衡的济南城市结构。

图4-7　滨河新区北湖中心

（二）大学科技园中心

大学科技园中心，位于城市西部的长清区，是带动西部新城发展的又一增长极。中心区以各高校教育资源和园博园为带动，形成以文化创意、服务外包、教育培训、科技研发、旅游休闲、商贸会展为主导功能的西部新中心（图4-8）。

图4-8　大学科技园中心

（三）唐冶新区中心

唐冶新区中心，位于东部城区，是城市东部综合性服务中心之一，是"东拓"城市空间战略的载体、城市新形象的窗口。中心区依托绕城高速、现状宝贵的历史和生态资源，融合精明增长和生态理念，结合城市功能和景观，形成以公共服务、商务办公、商贸金融、体育、文化娱乐等为主导功能的东部城区综合性公共服务中心（图4-9）。

图4-9 唐冶新区中心

（四）新东站中心

新东站中心是以交通枢纽、商务服务、商业金融为主导功能的城市二级中心。中心以新东站建设为契机，以济南市都市圈及济南市城市发展为依托，发展商贸服务、商务办公、临空经济、旅游服务、总部办公、科技研发、文化创意、战略新兴产业，形成济南都市圈崛起的战略引擎、济青发展带西端的产业高地。

图4-10 新东站中心

四、体系培育：组团级、社区级中心确立与定位

济南中心城内，组团级中心以大中型商贸服务业和文化娱乐业等生活性服务设施为主，为本片区和邻近片区服务，济南城市片区的布局规划了15处。主要包括结合旧城片区用地布局规划的洪楼、无影山、纬十二路、英雄山、七里山、白马山等六处片区中心，在东部新城孙村片区、彩石片区、郭店片区、雪山片区、汉峪片区、高新技术开发区等片区规划的六处片区中心，在西部新城党家片区、平安片区、文昌片区规划的三处片区中心。

社区级公共中心主要为本社区范围内服务的城市公共中心，是以生活性服务设施为主，小型商业服务和文化娱乐为辅，兼有教育医疗服务、家政服务等，在济南中心城范围内共规划建设了62处社区中心（图4-11）。社区作为城市公共设施配套的基础单元，应强化社区的综合服务功能，统筹规划配建社区级商业、金融、文化、教育、医疗卫生等公共设施以及社

图4-11 济南社区级中心规划分布

区公园等，形成符合服务半径、交通方便、安全等要求的居住社区公共服务中心，共建共享公共服务设施和环境，完善居住社区服务和管理体系。

第二节 网络构建

一、构建网络架构：明确四级中心的等级联系

考虑到城市公共中心体系的等级划分以及对整个城市空间发展的影响，城市各级城市公共中心必须有合理的分工和明确的功能定位，才有利于打造个性鲜明能够起到协调各公共空间的交流，增强城市的整体实力，提升城市发展功能的作用。

三个城市一级中心及四个二级中心为整个城市或地区服务，彼此的经济、技术交流比较密切，因此它们主要依托城市主干道展开建设。在济南城市发展过程中形成的发展轴线主要有：商埠区至老城区的轴线—经四路，重要交通主干道、经济社会发展轴—经十路，以环境治理为契机而形成的重要生态景观轴—小清河。这些中心由轴线串联成一个联系紧密的"带形"整体，作为城市公共中心空间结构的骨架。其中，唐冶片区核心区、北湖核心区以及大学科技园中心区、新东站中心是新形成的城市次中心，是主中心之外的城市经济流的高效集聚区，城市中新兴第三产业的集中分布区，具有疏解或互补城市主中心的功能，并与老城区中心、奥

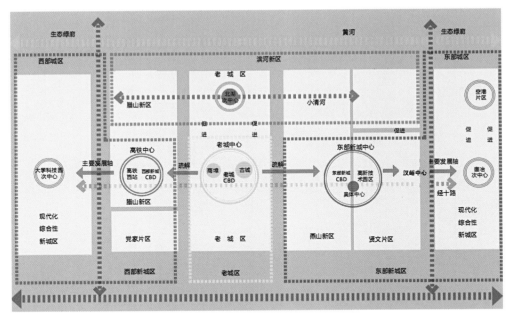

图4-12　三主、四次及各中心等级、功能联系示意

体文博中心和西客站中心三个城市主中心共同构成城市公共中心体系（图4-12）。

　　片区及社区中心城市公共设施配套的基础单元，分布在各个片区及社区中，主要满足片区或居住区居民的日常生活的需求（如：购买日用品、买菜、健身等），因此该级中心的公共设施大多有服务半径及规模要求，须统筹规划配建商业、金融、文化、体育、医疗卫生等公共设施以及绿地公园等，形成片区—社区公共服务中心"网络状"空间结构。

二、完善网络路径：明确四级中心的功能互补联系

　　在多中心空间体系中，"城市的主要功能是化力为形，化能量为文化，化死物为活生生的艺术形象，化生物繁衍为社会创新"，城市的功能是主导的、本质的，功能的多元化是现代城市发展的基础，是城市发展的动力因素。公共中心在城市中具有城市核心的作用，这种作用主要是通过办公、商业、行政、金融、信息、文化、休闲、居住等更加多样的功能组合来体现的。若不强调功能的分工，势必造成各种活动混杂乃至于超负荷运行，导致城市功能的失调和城市发展的失控，各种城市问题就会接踵而至。济南公共中心从东往西大致可分为商业金融区、综合服务区、商务会展区及文教科研区，各分区之间的功能各有侧重；各分区内部功能复合多元，是商业办公、娱乐休闲、商务酒店、购物消费、生活居住等不同功能的有机融合。正如詹姆斯·布莱利在他的著作《网络城市》中所阐述，"随着这些功能带表面积的扩大以及由此引发的交接

面的增加，相互平行的功能带之间会激发自发产生的功能互动"。

根据城市公共中心等级结构和城市空间发展态势，济南城市公共中心空间结构演替着眼于城市整体的协同发展，构建"多中心、多层次、网络化"的城市公共中心空间结构，城市各级城市公共中心之间相互依赖、相互关联，组成一个统一的城市公共中心系统，共同承担对城市各片区以及对都市圈范围的辐射作用，真正实现济南城市功能的优化整合。济南各中心应根据现实条件及发展优势进行功能分区，与此同时又要防止片面和单一化而带来的活力尽失。对城市公共中心进行空间布局进行优化配置，在"适度混用"前提下实现用地布局多核化、功能集中化、效益规模化、突破单纯依赖老城区中心膨胀发展的被动局面。

在确定各城市公共中心的大致分布后，合理确定各中心区的合理规模与功能，同时加强各中心区之间的经济和交通联系，实现"新区开发、老城提升、两翼展开、整体推进"，构建一个开放、充满活力的城市空间格局。注重多种功能的整合与组合，寻求"差异化"发展，避免功能雷同，主导功能须符合该区域的交通、人群消费等因素要求，找准功能聚合的支撑点，实现城市中心区相关功能的价值联动。城市每个公共中心的功能追随所在区域的主导功能的同时，其发展方向应各有侧重（表4-2）。例如，老城区主要传承其独具的地理人文景观和传统的商业优势，打造传统商贸中心，东部城区中心主要突出行政办公、体育休闲、文化娱乐的产业特色，西部城区中心围绕高铁枢纽为中心发展定位为集聚商务和会展为主导功能高端产业中心，北部滨河新区主要依托小清河及沿线自然景观建造集商贸、物流及旅游为一体的都市文化旅游中心。唐冶、大学科技园等其他各片区围绕各自资源特色形成的城市次中心和主中心一起共同构建成济南多中心体系。

济南"三主四次"中心区功能 表4-2

中心区	主导功能
老城中心	商业金融、行政办公、文化娱乐、旅游休闲
奥体文博中心	文化博览、体育娱乐、商务办公、会展服务、商业金融、居住休闲
西客站中心	交易、展览、文化、总部、商业、交通枢纽、居住
滨河新区北湖中心	休闲旅游、文化传播
唐冶新区中心	行政办公、商业服务、文化体育、生活居住
大学科技园中心	文化创意、服务外包、教育培训、科技研发、旅游休闲、商贸会展
新东站中心	交通枢纽、商务服务、商业金融、旅游休闲

三、定义共生网络：四级中心的规划控制与总体协调

当各中心确立、网络构架后，对其进行规划控制以建立布局合理及景观良好的共生网络，就成为公共中心进一步发展的关键。一般注重以下四个方面的规划控制：注重对建设用地的规划控制，实现规模协调；注重对建设容量的规划控制，实现发展协调；注重对用地布局形态的规划控制，实现空间协调；注重对空间景观的规划控制，实现生态协调。

（一）发展协调：用地规划控制

中心区用地规模是与片区服务人口、产业结构、公共设施配套相匹配的。在多中心体系中，对不同公共中心用地规模进行控制既是实现土地集约利用的重要途径，又是构建良好秩序的基础。

（1）一级、二级中心规模差异

三个一级中心的规划用地规模控制在4~6平方公里，四个二级中心的规划用地规模控制在1~4平方公里（大学科技园核心区含1.3平方公里）。一级公共中心中主要配置为城市及一定区域的、各种功能类型的设施，服务范围广、人口多，所需的用地规模也大于二级中心。参照国内外城市商务中心区的规划建设情况，国内城市的商务中心区用地规模控制在4~6平方公里，而副中心核心区用地规模控制在1~3平方公里（表4-3，表4-4）。

（2）同级中心规模差异

三个一级中心：老城中心及奥体文博中心的规划用地规模均约为4.5平方公里，而西客站核心区因含交通场站用地及公共绿轴，规划用地较大，约为6平方公里；二级中心中：北湖中心和唐冶新区中心因职能较单一、规划服务范围较小，用地规模在3平方公里以下，而大

国内外城市中心用地规模　　　　　　　　　　　　　　　　表4-3

级别	城市商务中心区	总用地面积（平方公里）
世界级	巴黎德方斯	1.6
区域级	东京临海副都心	4.48
	北京朝阳	4
	上海陆家嘴	1.68
国家级	深圳福田	4.13
	广州珠江新城	6.19
地区级	重庆江北嘴	2.26
	杭州钱江新城	4.02

国内城市副中心用地规模　　　　　　　　　　　　　　　表4-4

副中心类型	城市副中心	总用地（平方公里）
综合型	重庆观音桥	1.1
文化旅游型	重庆南坪	1.2
综合型	重庆茶园	2.7
科技型	上海江湾	2.1
商务办公型、文化旅游型	上海真如	2.4
文化旅游型	上海花木	2
综合型	广州萝岗	1.8

学科技园中心由于含大面积景观水面（约1.3平方公里），用地规模略大。

（二）规模协调：建设容量控制

中心区的开发强度是与片区功能定位、环境承载、交通和市政条件相对应的。在多中心体系中，对不同公共中心确定合理的开发建设容量并加以控制，是平衡发展需求与环境质量，保证多中心体系整体空间质量良好的重要措施。

国内外城市中心区的统计数据显示，中心区建设开发一般可分为3类强度：高强度开发——开发强度大于3.0，如曼哈顿、纽约等，其交通荷载、环境荷载、市政设施荷载都处于高强度开发满负荷状态；中等强度开发——开发强度在2.0~3.0之间，如北京朝阳CBD和上海陆家嘴，交通、环境、市政设施等支撑荷载在较为合理的范围内，有利于CBD的持续正常运行；低强度开发——开发强度小于2.0，如深圳福田、广州天河，交通压力小、环境优美，通常是在城市传统城市中心的基础上发展而来（表4-5）。

国内外城市中心区建设容量　　　　　　　　　　　　　　表4-5

城市中心区	用地面积（平方公里）	建设量（万平方米）	毛容积率
曼哈顿	2.1	1500	7.14
纽约中城区	1.2	700	5.83
拉德方斯	3.5	1850	5.28
芝加哥中心	1.8	600	3.33
休斯敦中心	150	420	2.8
东京临海中心	150	350	2.33

续表

城市中心区	用地面积（平方公里）	建设量（万平方米）	毛容积率
上海外滩	3.22	864	2.69
上海浦东	4.7	903	1.92
深圳罗湖	5.02	1325	2.64
深圳福田	1.94	260	1.34
广州环市东路	1.94	413	2.14
广州天河	1.64	296	1.81
南京新街口	2.15	572	2.67

济南中心区规划建设容量综合考虑交通压力、环境质量和市政设施支撑及运营成本，确定的各区建设容量基本合理。除老城中心与大学科技园核心区，其余一、二级中心的毛容积率均在 2.0~3.0 范围内（表 4-6）。老城中心区须保护城市特色结合古城历史街区、历史建筑的保护要求，进行建筑高度控制及视廊控制，建筑风格及空间尺度也要符合古城区环境要求，因此建设容量在三个一级中心中明显较低；而大学科技园定位为"创意核心，花园核心，活力核心"，主要承载科研功能，规划设计也围绕打造宜人的环境展开，规划大面积的生态景观湖，故开发强度较低。

济南中心区建设容量　　　　　　　　　　　　　表4-6

中心区	建设规模（万平方米）	毛容积率
老城中心	700	1.2
奥体文博中心	975	2.0
西客站片区核心区	1370	2.3
唐冶核心区	597	2.1
大学科技园核心区	450	1.3
北湖核心区	381	2.1

（三）空间协调：布局形态控制

济南多中心体系的空间发展要考虑不同中心布局形态和景观组织的要求，为形成有地方特色的城市景观及环境创造条件。在进行中心区用地布局时，既要注重开发建设"量"的控制，又要注重对开发空间环境"质"的控制与引导。

（1）特色与建筑风格塑造

每个中心区都有自身生长的脉络和运行模式。作为中心区有机组成部分——建筑，应在强调自身风格的基础上，与其所处的周边环境以一种共生的关系而存在，与其所处的城市环境相协调、相适应。

老城中心的建筑具有浓厚传统风格和文化特色。泉城特色标志区是目前尚存的少数能集中体现济南老城风貌的街区之一，规划应通过整治改造历史街区、延续特色风貌。商埠区延续"三经四纬"原有的格局肌理，保持历史形成的沿街建筑连续界面，弘扬中西合璧的建筑特色。其他地段也应根据具体的城市特色、具体的地段环境风貌要求，对建筑风格进行引导和控制，做到整体协调并突出重点（图4-13）。

奥体文博中心区、西客站中心区将建成简洁大气、具有现代化大都市气息的城市新区。按照城市载体功能和产业统筹发展的要求，建筑风格注重突出城市特色、文化内涵，具有新颖的形式和时代雕塑感，塑造现代化省会城市新形象（图4-14）。

其他城市中心也按照各自功能定位形成不同的建筑风格。唐冶新区中心将建成现代建筑和山水相结合协调的现代服务产业核心区，长清大学科技园中心将依托园博园、长清湖及五峰山等自然资源形成风景秀丽的人才培养基地，而北湖中心作为小清河重点治理段将建成宜居宜游的自然生态之城（图4-15）。

（2）形态与建筑高度控制

建筑高度是中心区空间形态的主要构成要素，从规模上控制各中心区的建设量，从位置上控制各中心区高层建筑的布点和高度，形成立体空间的尺度感，促进地区空间特色与场所感的形成，塑造良好、错落有致的城市天际轮廓线。此外，建筑物本身及其组合后的整体状态

图4-13　传统建筑建筑风格　　　图4-14　现代建筑建筑风格

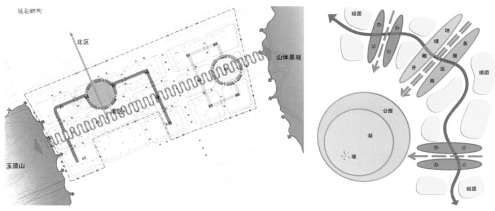

图4-15　依据所处山水环境，不同公共中心不同空间形式的塑造

的优劣，是反映中心区的空间环境品质的主要方面。应遵循整体空间结构，与整体空间相协调，同时注重标志性建筑的个体特色营造。

在济南老城中心规划设计中，为保护济南的古城格局，严格控制周边的建筑高度，保护文物古迹和历史街区，严格控制大明湖周边景观视廊，规划以16米以下的底层建筑为主，体现济南的传统风貌特征。

其他城市中心区，为提高土地利用效率及塑造城市形象，规划建筑以高层为主，并在主要空间节点安排地标性建筑（图4-16）。具体形式既可以是个性鲜明的单个建筑，也可以是有一定序列的一组建筑形成的城市地标簇，或是结合交通节点与整体空间结构设计的需要，形成或三塔鼎立、或双塔错落、或四塔分列的建筑序列，打造特征鲜明的城市空间节点与形象识别。例如：西客站中心沿中央绿轴两侧规划多幢超高层建筑，齐鲁之门规划建筑高180米左右，恒大商务中心规划建筑主体高度达500米左右；奥体文博中心在中央绿轴与经十路交汇处规划三栋高度200~300米的超高层建筑，形成三塔鼎立之势（图4-17）。

（四）生态协调：空间景观控制

（1）山水与历史人文传承

"山、泉、湖、河、城"有机融合是济南市城市风貌的重要特征，山体、水体在净化环境、突出特色等方面起着不可替代的作用，同时也是丰富中心区景观的重要手段。自然要素（山体、水体等）、人工要素（建筑、街道、公园、绿地、广场、照明设施等）、景观节点（如公园、广场、街头绿地、庭园等）和景观走廊（如街道、滨水开敞空间、楔形绿地）相互联系，共同构成一个有机、多样、高效、动态的体系，共同维持良好的城市感知效果以及城市与自然的和谐关系。廊道、轴线、节点等元素对城市空间环境都起着举足轻重的作用，济南城市公共中心通过合

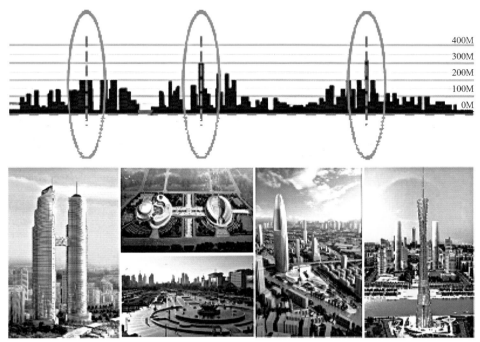

图4-16　新区中心标志性空间形态塑造

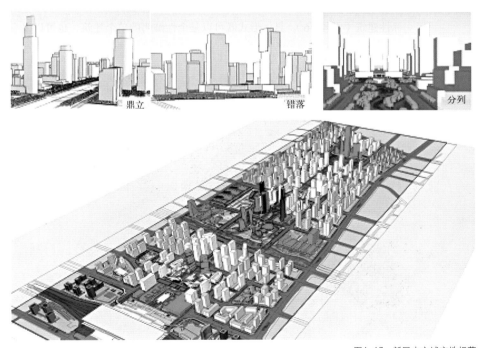

鼎立　　　　　　　错落　　　　　　分列

图4-17　新区中心城市地标蔟

图4-18 山、泉、湖、河、城

理地城市设计控制、引导这些元素，营造尺度宜人的空间环境，创造充满活力的中心区空间景观形象（图4-18）。

　　济南城市中心区的规划建设强调以人为本、注重自然要素的保护和历史要素的传承，形成大中小结合、点线面结合、平立面结合的景观网络，包括沿路或河宽窄不等、经纬交错的绿色走廊，星罗棋布的公园绿地及街头绿地、广场。以老城中心为例：中山公园作为商埠风貌区"三经四纬、一园六坊"的核心，是开埠伊始统一规划建设的集中开放空间，也是最早的公共场所之一。在中山公园的东南片以商埠区历史地图大型地雕形成百年商埠广场核心，地雕中经纬街巷、部分街块及中山公园覆以水体，兼做地下商业采光之用，形成供人观赏、体验的核心文化景观（图4-19）。结合商埠区最初形成的渊源——铁路，辅以嵌有中山公园发展重要

图4-19 商埠区

年代的数字地雕、浮雕墙体和火车头雕塑，展示商埠历史。结合原址保护的皇宫照相馆等文物和历史建筑，以"新旧结合"的理念予以扩建，打造百年商埠纪念馆，成为展示商埠区历史和文化的核心。在兼做地下采光井的灯柱上蚀刻商埠历史，全面展示商埠区发展历程，建成集百年商埠文化、中山文化、五三惨案纪念文化展示体验和城市休闲等功能为一体的城市开放空间。

（2）风貌与建筑色彩研究

城市色彩直观反映了一座城市的历史文脉、文化底蕴和整体风貌，是城市特色与品位的重要标志。根据济南城市的地形地貌、气候特征以及"山、泉、湖、河、城"的独特山水格局影响下的"湖光山色"的背景色彩，城市的最终色彩定位为"湖光山色、淡妆浓彩"（图4-20）。不同中心区依据城市色彩总体和分区定位，由南至北、色彩趋势由暖到冷，由中心向东西两端、色彩趋势由灰到艳（图4-21）。

如老城区古城的建筑墙面色彩以灰褐系为主，暖灰色系为辅，淡黄色系次之；屋顶颜色以深瓦灰色系为主，深棕灰色系为辅；建议传统风貌区建材以青砖、木材、涂料为主，屋顶建材以深灰色的陶瓦为主，非传统风貌区墙面建材以石材、涂料、面砖和金属板材为主，屋顶建材以坡屋顶，仍以灰色的陶瓦为主。而奥体文博中心建筑墙面色彩以灰褐系为主，暖灰色为辅；屋顶颜色以深暖灰色系为主，深冷灰色系为辅；建议居住区以石材、涂料、面砖、陶板为主要材料，商业行政区以玻璃幕墙、金属板、石材为主要材料（图4-22）。

图4-20　济南城市色彩规划

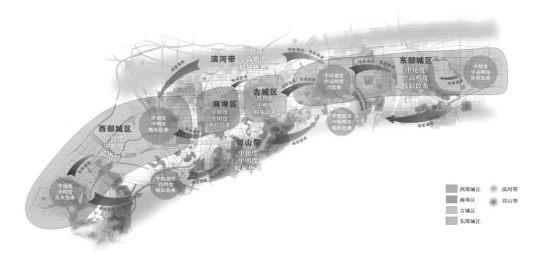

图4-21 色彩规划分区示意

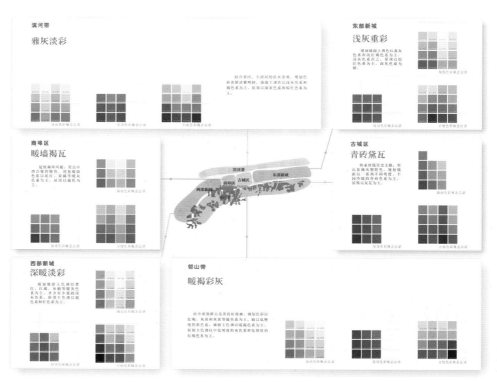

图4-22 不同城市中心色彩定位

第三节　支撑完善

城市发展支撑系统即生命线系统，是指公众日常生活中必不可少的支持体系，是保证生活正常运转重要的基础设施，是维系功能的基础性工程。据 C.M.Duke 的定义，它一般包括四种系统：能源系统、水系统、运输系统和通信系统等几个物质、能量和信息传输系统，它们抵御灾害破坏的能力直接决定着一个城市能否保持其正常功能。随着社会的发展和研究的不断深入，关于城市发展支撑系统的内涵和外延也在不断扩大。对现代城市来说，单一的发展支撑系统往往很脆弱，而多个单一的生命线形成的网络却有较强的安全性能。济南应根据规模大小和具体情况形成多级独立单元，进而构成网络系统，不但能充分发挥各自系统的优势，且保证了某一单元的主系统出问题时，其辅系统能得到其他单元核的启动源，能提高整个区域范围内的生命线系统的安全性和供给能力。

一、实体网络支撑

（一）交通设施网络重构

（1）完善交通网络，增加路网密度，协调动静交通

围绕交通主要干道完善道路网规划，多个中心依托城市交通主干道展开规划布局（图4-23）。大经十路作为主要城市最重要的交通主干道自东向西连接多个公共中心：穿过唐冶、汉峪中心，并通过大学路便捷联系大学科技园；穿过奥体文博中心、西客站中心，并通过经七路便捷联系老城中心。

加强对路网及等级道路的差别管理与控制性发展。结合中心区的规划布局采用合理的道路网密度，提高城市道路的单位通行效率，尤其在中心区外围适当提高道路密度，完善高效的机动车通行系统。在中心区内部则适当减少城市干路，代之以较完善的支路及慢行道路系统，更好地营造与自然融为一体的生态氛围。

调整土地使用方式，使步行、公共运输系统与城市服务系统有机结合。将交通量大的单位和设施（学校、区域性图书馆等）安排在公交枢纽站点附近，方便人们更多地使用公共交通。把商业服务设施与步行系统结合，有利于导向步行方式，也利于城市经济的繁荣。

（2）发展公共交通，形成网络化布局

济南作为首批公交都市建设示范城市，应坚持公交优先发展，强化公交都市建设。优先发展公共交通，有效完成大量人流的聚集与疏散，引导城市合理交通方式结构的形成。通过建

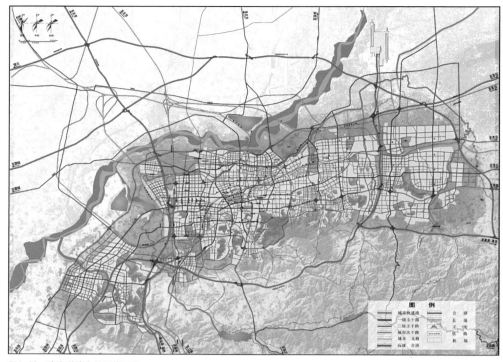

图4-23　济南道路交通网络示意

立以中心区为核心、以不同等级线路为客运走廊的一体化和多元化的公共交通网络体系，提高公共中心的可达性和服务水平。

　　建设轨道交通，构建立体交通体系。加快城市轨道交通线网规划和新东站枢纽规划策划，做好济南至长清、济南至机场、济南绕城高速燕山立交至柳埠连接线、南绕城快速通道等项目前期工作。启动济南至乐陵高速公路及连接线、济南至东营公路建设工程。完善西部城区路网结构，推进二环西路地面道路和高架路工程建设。实施纬十二路、济齐路、刘长山路延长线等道路建设改造和30条道路大中修整治。采取综合措施，逐步解决交通拥堵问题。轨道交通一号线连接奥体文博中心、老城中心及西客站中心三个一级中心，其他线路将各个中心区等大型交通产生、吸引点联系在一起，构成了主次分明、功能互补的轨道交通网络，根据城市发展的要求合理地规划大、中运量的快速公共交通走廊，采取引导模式，形成整体有序的网络状结构。鼓励在中心区内沿快速公共交通走廊进行填充与改建，形成走廊效应和沿线土地使用的"带状＋点状"发展模式，在穿越或环行中心区的同时设置了密集的车站，带动了沿线用地的开发，也发挥了中心区在城市交通系统中的核心地位；最终结合土地开发、协调优化城市结构（图4-24）。

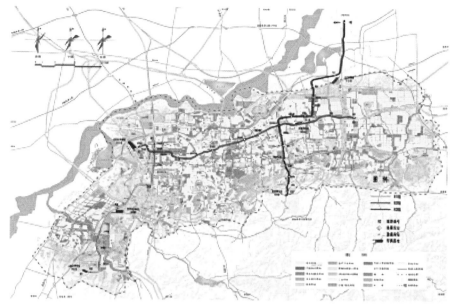

图4-24 济南轨道交通近期建设规划

建立 BRT 系统，大力建设公交走廊。建设连接老城区与东、西部地区的 BRT 走廊及公交专用道，支撑城市带状发展，加快构建 BRT 网络，建设公交场站设施，优化公交线网。启动辛西路公交枢纽、黄冈公交枢纽、唐冶公交枢纽、北全福公交枢纽、济南西站综合基地、孙村综合基地、二环西路 BRT 首末站等 7 处公交枢纽场站设施建设（图4-25）。

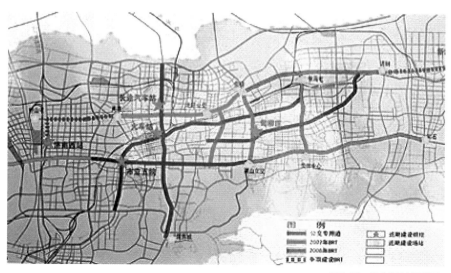

图4-25 济南BRT交通线网

（3）完善慢性交通设施建设，实现绿色舒行

完善中心城区步行和自行车交通设施，建设泉城特色标志区步行和自行车交通示范区。建设古城片区、环护城河慢行系统、泉水小道及明湖路、泺文路、舜耕路等道路步行和自行车系统交通示范区工程，建设腊山河步道和湿地公园步道。推进步行和自行车立体过街设施建设，建设经十路奥体中心、凯旋新城、保利花园、经十路青干院、旅游路千佛山公园南门、经十东路建筑大学南门、花园路历城政务中心、济泺路长途汽车总站路口过街地道。

配合"山水泉城"的规划理念，立足于城市生态环境建设，以节约能源、提高交通效率为出发点，突出步行、自行车交通优先，鼓励"步行＋公交"、"自行车＋公交"等为代表的慢行交通，探索基于慢行交通体系建设的城市交通模式。通过合理规划慢行系统，倡导步行、自行车等健康出行方式，完善中心城区步行和自行车交通设施，建设泉城特色标志区步行和自行车交通示范区，建设古城片区、环护城河慢行系统，与自然生态环境有机融合，营造便利、人性化的交通环境，实现城市的"绿色"舒行（图4-26）。

（4）合理组织静态交通，完善停车设施建设

将停车系统即静态交通设施规划作为城市交通系统的重要组成部分，调整土地使用方式，使步行、公共运输系统与城市服务系统有机结合。坚持走规划、建设、管理一体化的综合之路，

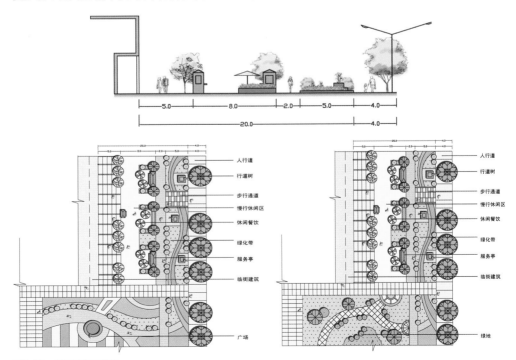

图4-26　步行系统示意图

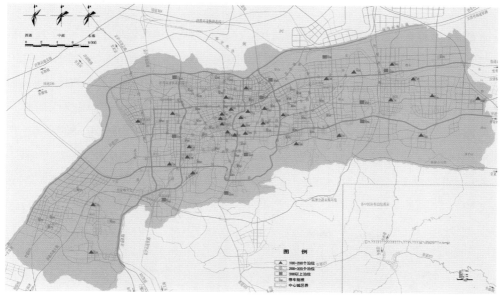

图4-27 济南公共停车场布局规划

健全停车场建设与停车管理的法律法规，完善停车场发展规划，以发展配建停车场为主、路外公共停车为辅、路面停车场为补充，形成布局合理、比例适当、使用方便的停车设施和管理体系，从根本上解决停车问题。大力发展地下空间，建设地下、立体停车场，克服停车需求与停车空间不足、停车空间扩展与城市用地不足的矛盾。建立多元化投资体制，鼓励个人、集体、外资投资建设停车设施，推进停车产业化发展（图4-27）。

（二）市政基础设施完善

完善的市政基础设施网络是城市中心区良好运转强有力的支撑，也是改善投资环境的必要条件。具体来说，包括供应、排除、防灾等规划内容。依据市政基础设施体系发展目标和市政基础设施资源配置原则，按照节约保护水资源发展绿色能源、节约集约地上及地下空间资源的原则，确定各类市政基础设施规划指标和标准，科学预测各项基础设施需求量。按照集约整合原则，对市政设施用地和骨干管廊提出规划布局原则和要求。

（1）供应系统网络

依据市政基础设施体系发展目标，构建与城市发展相适应并适度超前的城市市政基础设施供应系统，满足城市发展的水、电、气、热需求，促进城市经济社会的健康快速发展。以老城中心为例：现状已有普利门水厂（兼加压站）、泉城路水厂、解放桥水厂和历南水源（兼加压站），规划区内的四处水源均位于济南泉域范围内，针对目前济南泉域地下水超量开采，泉群呈季节性干涸的局面，在保泉的大前提下，按照人口科学合理地进行用水量指标测算：生活用水量按 180L/人·d 计，用水量为 1.91 万 m³/d；三产系数按 0.8 计，用水量为 1.52 万 m³/d；市政及不可预见水量按上述用水总和的 15% 计，用水量为 0.51 万 m³/d；规划总用水量约 3.95 万 m³/d。规划普利门水厂、解放桥水厂、泉城路水厂、历南水厂停止制水功能，作为给水加压站，同时作为城市应急备用水源，保证城市供水安全。充分利用原有市政基础设施、扩容改造，结合用地开发、适度合建。本着整合用地及功能、集约控制、统一布置的原则，形成一体化的市政设施网络体系。

再以西客站中心为例：片区以市政单元用地为指导，配合新区空间布局集中布置。按照科学引领城市空间布局，集约利用土地资源、减少设施廊道对城市用地分割的原则，整合河道、电力高压走廊、输油输气高压管廊及大型输水、排水线路，综合优化布设"基础设施"骨干线路（图 4-28~ 图 4-32）。

图4-28 西客站片区给水规划

图4-29 西客站片区再生水规划

图4-30 西客站片区电力规划

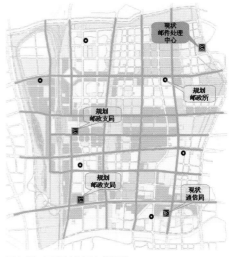

图4-31 西客站片区电信规划

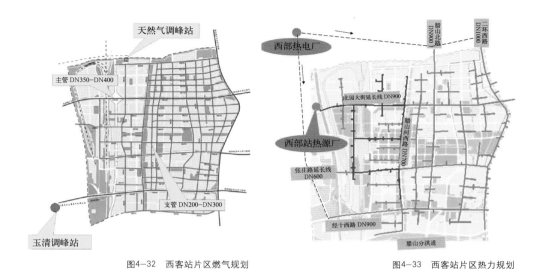

图4-32　西客站片区燃气规划　　　　　　图4-33　西客站片区热力规划

（2）排除系统网络

依据市政基础设施体系发展目标，构建与城市发展相适应并适度超前的城市市政基础设施排除系统，对城市生产和生活过程中产生的污水、垃圾等各种废弃物进行科学有效地处理处置和资源化利用，减少人类生活对生态环境的干扰，促进人与自然的和谐发展。

（3）防灾系统网络

依据市政基础设施体系发展目标，构建与城市发展相适应并适度超前的城市防灾系统，保证城市安全。主要内容包括：确定综合防灾与公共安全保障体系，提出防洪、消防、人防、地质灾害防护等规划原则和建设方针，确定重大防灾设施总体布局。

二、虚拟网络支撑

（一）安全应急网络联动

（1）重大应急设施统筹布局

依据城市空间体系发展目标，构建与城市发展相适应并适度超前的城市应急系统，建立和健全统一指挥、功能齐全、反应灵敏、运转高效的应急机制，预防和应对突发自然灾害、事故灾难、公共卫生事件和社会安全事件，减少突发公共事件造成的损失。

在建设过程中，济南的城市定位和未来的发展方向是应急联动系统建设模式确定的重要依据。政府的组织机构、职能部门设置、救援保障网络、专业抢险队伍，以及经济社会发展水平、领导意识和市民素质等，这些都是模式确定的基础。目前，济南已经建设了包括消防、卫生在内的多家专业指挥中心系统，这些专业指挥系统都具有其专业特色，在建设城市应急联动系统中可以考虑充分利用现有基础设施，而不是由全新的应急联动系统进行替代。

（2）应急中心一体化联动

1998年，国务院就要求全国各地公安机关及政府有关部门要以110为龙头，承担起整个社会联动的工作。以公安为核心的安全体制比较成熟，拥有在组织、装备、经验、行动等方面具有良好的基础优势。在这种情况下，将政府的城市应急联动建设与公安的内部应急联动统一起来，集中资金、统一规划、统一建设，在充分利用原有110、119、122、120等系统设备的基础上，以公安110"三台合一"为主体，实行"3+2+X"的方式，即公安"三台合一"，再加上应急求助任务较多的医疗急救120和市长热线"12345"，将若干个各自独立的紧急救援部门有机结合起来，融合成一个统一的公共安全应急中心，集中接警，统一调度指挥，统一信息发布。应急中心与省、市应急委办之间，与现有的各专项应急救援指挥机构即应急联动单位之间，通过专用的通信信息平台联网，构成强大的应急联动体系，实现应急资源的整合和互通互联，有效应对日常的紧急事件和突发公共事件，极大地提升防救灾应急能力（王霞，2010）。

应急中心即时处置，有效联动、处处协同。以公安"三台合一"核心业务为中心建设的应急中心，同时整合了其他最为常见的应急警种120急救以及"12345"市长热线，使占突发事件绝大多数的日常公共安全事件都可以得到即时响应，减少响应层次，提高处置速度。

专业分中心分类跟踪处置，信息统一、资源共享。针对一些专业性较强的事件，在应急中心进行即时处置的同时，相关的专业分指挥中心也可同时得到突发事件处置的要求，对突发事件进行专业性分析和进一步的跟踪处置，保证了事件处置的科学性和正确性，使人民群众的生命财产得到最大的保护。充分利用部署在各应急联动单位的应急系统终端和应急数据、通信网络，即时将突发事件信息发送到各应急联动单位，保证信息的统一和共享，为突发事件的协同处置奠定基础。整合了全市范围内的应急力量，提高工作效益，全面提升应对突发公共安全事件的科学决策指挥水平和应急处置能力。

（二）信息技术网络提效

依据城市空间体系发展目标，按照数字化管理、信息资源共享的要求，合理确定数字市政管理和信息化发展对策及设施规划原则，构建与城市发展相适应并适度超前的数字市政系统，实现济南市政基础设施建设管理的信息化，提高城市市政基础设施的建设管理水平和效率。以奥体中心移动网络的建设为例，全运会期间配建的全运村信息、通信指挥调度、媒体村支撑系统不仅在赛事组织、安全保卫、新闻宣传方面发挥了巨大的作用，这些系统也极大地带动了周边区域的发展，正如威廉·J·米切尔在他的著作《我++——电子自我和互联城市》中所说：

"通过共享公共场所的使用，通过对于复杂的、脆弱的基础设施的共同依赖以及通过针对容量有限的重要网络的连接入口，世界上的大城市已经成为了具名之间具有极度的、无法避免的相互依赖关系的地区。"总体来说，济南"智慧城市"、"数字城市"网络的建设，要把握好三大方面，即基础设施、创新应用、产业发展。

（1）建设智慧的城市基础设施

一是城市道路以及给水排水管网、燃气管网、路灯等市政设施要智慧。例如，道路能够根据干燥度自动启动洒水装置；燃气管道能够探测压力等参数，出现异常时自动关闭并通知维修，以防爆裂。二是网络等城市信息基础设施要智慧。例如，建设无线城市，推进三网融合，建设云计算中心，使城市信息基础设施满足人们"即需即供"的需求，像使用水、电一样方便。城市信息基础设施作为城市基础设施的一部分纳入城市规划建设范畴。

（2）开展"智慧城市"创新应用

利用物联网、云计算、人工智能、数据挖掘、知识管理等技术，在电子政务和社会信息化三大领域开展创新应用。

在电子政务领域，要建设"智慧政府"，加强电子政务信息共享和业务协同。将物联网技术应用于公共安全、口岸监管、交通管理、安防安保等领域。将云计算技术应用于政府数据中心建设，作为承载大型电子政务信息系统的计算平台。发展"政务智能"（GI）系统，提高对领导的决策支持能力，促进政府决策科学化。在社会信息化领域，重点发展"未来学校"、"未来教室"、E-Learning，促进优质数字化教育资源共建共享，完善教育公共服务体系。发展基于"电子病历"的智能健康服务系统、远程关爱（Telecare）系统。发展智能社区、智能住宅、智能家居系统。推广虚拟养老院、电子保姆等。实施"电子包容行动计划"，建立高度包容的信息社会，消除数字鸿沟。

（3）发展"智慧城市"相关产业

信息化发展水平与信息产业发达程度存在一定正相关性。也就是说，一个地方的信息产业越发达，该地方的信息化发展水平往往越高。物联网、云计算等新一代信息技术产业是建设"智慧城市"的重要基础。要建设"智慧城市"，必须重视发展新一代信息技术产业，使两者形成良性互动。加快培育和发展新一代信息技术产业。因地制宜，有选择性地发展物联网产业、云计算产业、三网融合产业、移动互联网产业以及支撑两化融合的生产性服务业。

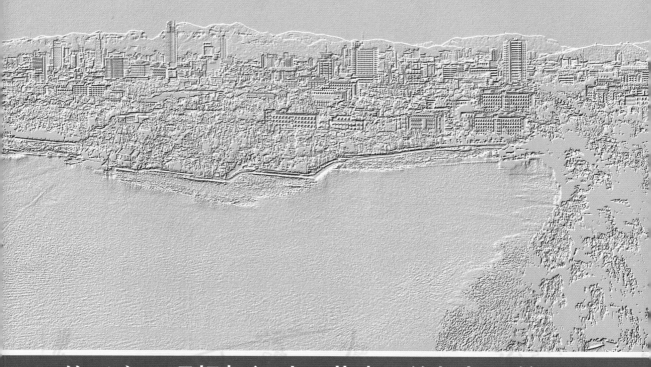

第五章　理想与行动：共生网络框架下的济南公共中心建设

　　网络城市、共生城市等先进的规划理念对济南城市空间的发展具有重大意义，新时期济南的城市空间发展与多中心体系的建设立足于共生和可持续发展的核心理念，加快城市中心区空间网络体系的建构和完善，采用紧凑有机的空间模式，提升城市的文化品位和特质传承，建设生态与经济共进、特色与活力并存的山水泉城。

第一节 老城中心

老城中心位于泉城路、经四路沿线，为济南古城保护的核心区域，包括泉城特色标志区、商埠区、金融商务中心区三个功能区（图5-1），是济南市历史上传统的经济、金融、政治核心区，历史文化遗迹众多，区位优势明显，自然及人文资源禀赋优越。

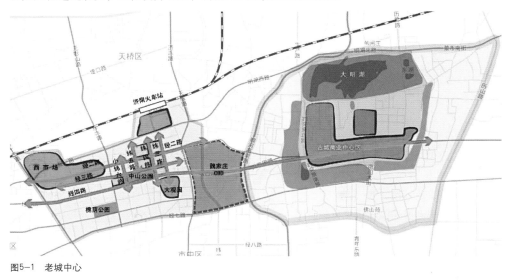

图5-1 老城中心

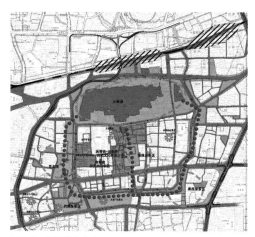

图5-2 泉城特色标志区

一、网络定位：纾解与强化

作为城市的重要核心和"山、泉、湖、河、城"风貌区域，老城有着不可取代的地位，是济南城市发展重要历史阶段的经济、社会、人文载体。其中，泉城特色标志区位于城市中部，是泉城特色风貌带的核心区域，它南屏千佛山，北拥大明湖，西邻趵突泉，东眺解放阁，四周基本由护城河围合，总用地面积约415公顷；商埠区位于胶济铁路以南，历史上与古城东西并列，与泉城特色标志区具有同等地位，总用地面积约56.2公顷（图

5-2）；金融商务中心区位于泉城特色标志区与商埠区之间，东至泉城特色标志区规划西边界、南至经四路、西至纬二路、北至经一路，总用地面积约 55.4 公顷（图5-3，图5-4）。

图5-3　商埠区

在当前高速发展的条件下，城市中心功能的聚集与历史文化名城的保护尤其是城市格局的保护已形成一对不可调和的结构性矛盾，任何非结构性调整的改良方案只能使这一矛盾的双方两败俱伤：即"历史文化名城受到开发性破坏，城市中心功能的建设亦受到抑制"。济南市总体规划（2006 版）确定了以经十路为主线，串联泉城特色风貌带、燕山和腊山新区及东、西部城区的城市时代发展轴，济南拉开了东西发展的带状城市结构。老城的发展应统筹考虑功能提升、环境优化、历史保护、特色彰显、经济效益等多方面需求，切实疏解老城功能，避免自我封闭、功能重复的城市再开发，与城市多中心体系形成共融互生。在济南多中心网络空间结构下，在"四面荷花三面柳，一城山色半城湖"的空间构架、严格的规模容量控制下，老城中心发展定位为商业金融、行政办公、文化娱乐、旅游休闲为主导功能的城市一级中心。

图5-4　金融商务区

二、路径选择：保护与发展

济南城市风貌特色在于其"山、泉、湖、河、城"有机结合及历代城市格局规划的现代延续。如何做到在快速城市化发展时期保护老城历史文化特色，是济南城市规划中亟须解决的问题。对于特色的延续与发展问题，则应抓住老城"中疏"和北湖中心建设开发之契机，充分发挥老城以北小清河、北园滞洪区、东泺河、西泺河等极具景观潜质的自然条件优势，利用北湖中心与北部鹊华二山、南部千佛山之间良好的空间借对景关系，将原有"古城—千佛山风貌轴"向北拓展，形成泉城特色风貌带，并构成"一轴、两湖、三区、四泉、六河、九山"的空间结构，最终营造新的"山、泉、湖、河、城"融为一体的独特空间形态（图 5-5）。

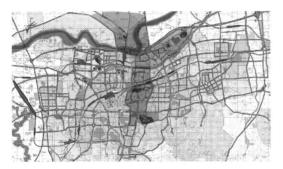

图5-5 泉城特色风貌轴

图5-6 商埠区空间结构

图5-7 泉城特色标志区空间结构

对济南老城的保护，原则上要强调整体性、协调性、可持续发展性、发展与保护并重。老城内部发展要分区对待，树立历史文化保护的整体观，将富有特点的商埠区优秀近代城市空间形态与古城传统空间形态结合起来，统一纳入历史文化保护的范畴。例如古城强调文脉的延续，商埠区强调活力的复兴等。需要采取切实有效的保护措施对构成城市格局和风貌特色的自然山水、城市景观轴线、传统道路街巷、城市空间轮廓等进行保护。通过设计将两者组织为有序整体，使其共同成为城市时空发展的展示空间，以形成"可记忆的城市"。

（1）泉城特色标志区：一城一湖一环

以"一城、一湖、一环"的保护整治改造为重点，保护明府城的结构肌理，整治改造历史街区，疏理泉池水系；扩建大明湖风景名胜区，使园中湖变成城中湖，形成环湖休闲游览景观线；整治改造环护城河环境景观，丰富游览景点，贯通环城陆地及水上游览线。

（2）商埠区：三经四纬、一园六坊

三经为经二路、经三路、经四路，四纬为纬三路、纬四路、纬五路、小纬六路。三经四纬作为商埠风貌区的特色骨架，通过对完整小网格格局的保护，打造宜人的街道尺度（图5-6）；一园为中山公园，六坊为六个具有商埠特色的传统风貌街坊，是集百年商埠文化、中山文化、五三惨案纪念文化展示体验和城市休闲等功能为一体的城市级开放空间。

（3）金融商务中心区：三轴六区

金融商务中心区，"三轴六区"：三轴为金融商务发展轴、商业文化发展轴以及传统商业文化延续轴；六区为金融商务办公集聚区、企业总部办公区等功能区。强化经七路沿线的金融商务办公功能，打造区域功能特色，同时传承历史文脉（图5-7）。

三、共生机制：特色与复兴

老城中心在漫长的发展历程中已形成了特有的空间肌理、景观风貌，因此在老城中心的规划建设及空间景观塑造中应十分重视处理好人和自然的关系，注重生态平衡和环境保护。总体说来，老城中心应当以古城、大明湖、环城公园"一城一湖一环"的保护整治为重点，挖掘历史元素，延续历史文脉，彰显特色风貌，控制建筑高度，保护古城的街巷肌理和泉池园林水系，增加开敞空间，完善基础设施，改善人居环境。商埠区应当以经纬道路、中山公园、典型街坊等"三经四纬、一园六坊"为保护整治重点，维持经纬分明的小格网街道格局，保护典型街坊和具有代表性的建筑，在现代城市繁荣的商业氛围中找寻一些城市的记忆。

（1）泉城特色标志区规划以保护济南古城为核心，形成以古城街巷肌理为特征的明府城泉城风貌，展示传统历史文化名城的形象特色，突出芙蓉街—百花洲历史文化街区、将军庙历史文化街区的保护。依俯瞰泉城特色标志区托大明湖、护城河、黑虎泉等水系和绿化构成"蓝脉绿网"生态格局（图5-8），重点塑造大明湖风景名胜区、解放阁、泉城广场等标志性景观节点。保持"佛山倒影"、"一城山色半城湖"的湖山景色，严格控制明府城内的建筑高度，控制大明湖周边的开敞空间和景观轮廓线，保护空间走廊，拆除或改造影响景观的超高建筑。

（2）商埠区注重加强对现有绿化的利用，建议在有条件的地方拓宽人行道，将中山公园所在街区全部辟为绿地，增强对街道的开放性，结合经二路入口、胶济铁路宿舍的三角地及小广寒电影院形成该片区的主要绿化及开放空间，形成商埠区重要绿地及开放空间。一园六坊以及三经四纬沿街，应严格按照商埠区传统建筑檐口高度进行控制。沿街建筑普遍控制

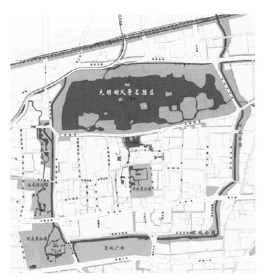

图5-8 泉城特色标志区的"蓝脉绿网"生态格局

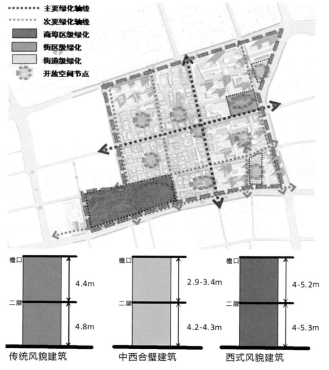

在3层及以下，檐口高度普遍控制在12米；局部允许4层，檐口高度控制在15.5米（图5-9，图5-10）。

（3）金融商务中心区结合绿化节点和庭院绿化，营造多样化的建筑景观节点；绿地系统布置成网格型，将规划区内各个组团相互连接起来；文物保护单位结合绿带设置绿地广场，建设具有文化内涵的活动空间；打造特色街道景观，形成连续的线性空间与重要城市节点空间（图5-11，图5-12）。

图5-9 商埠区开敞空间及沿街控制

图5-10 商埠区规划鸟瞰图

图5-11 金融商务中心规划鸟瞰图

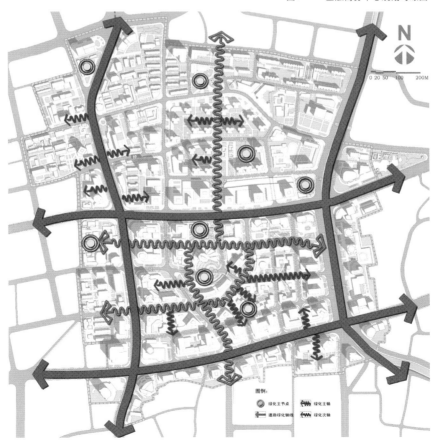

图5-12 金融商务中心区绿化空间

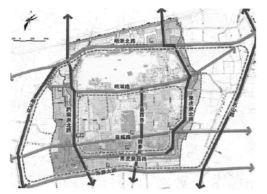

图5-13 泉城特色标志区道路交通规划

图5-14 商埠区道路交通规划

图5-15 金融商务中心区道路交通分析图

四、体系支撑：修补与理顺

目前老城中心面临着道路不成系统、公共交通设施严重缺乏等问题，制约城市功能的有效发挥。因此在保护传统街巷历史格局的基础上理顺道路交通网络，是该中心功能得以发挥的重要途径。

（1）交通设施系统完善

泉城特色标志区机动车交通由"五横五纵"道路骨架构成，并形成内外双环系统。"外环"由明湖北路—历山路—泺源大街—顺河街构成；"内环"由明湖路—黑虎泉北路—黑虎泉西路—趵突泉北路构成（图5-13）。商埠区延续匀质小网格系统，传承地块内部传统巷道，增加内部通车通道。地块内部增加停车场地，利用地下空间增加停车设施，减少沿街停车（图5-14）。金融商务中心区城市支路与主干道、次干道相交时采取右进右出的交通限制方式，减少对其交通效率的影响（图5-15）；商务办公功能为主的地块采用地块内部环路的交通方式。以减少对城市道路的占用及干扰。

（2）多元复合的交通组织

老城中心的交通需兼顾多种交通组织方式，由传统单一的交通组织向立体化、多元化、现代化的交通组织方式转换，兼顾车行交通与步行交通的有机组织、地下空间的综合利用，强化地段内部交通与周边城市交通、山体与城市之间的交通联系等，形成网络化、立体化、通达流畅的路网交通体系（图5-16）。

（3）保泉与地下空间综合利用

老城中心尤其是泉城特色标志区内含有众多泉眼，因此节水保泉是该中心各地块规划建设须重点考虑的问题，需特别注重加强泉水出露区、补给区的保护和控制；同时在满足泉水保护的前提下，也有注重对地下空间的合理利用，以解决老城中心交通拥堵、停车不足的状况。如金融商务中心的地下空间开发充分考虑济南地下水位较高的情况，以地下空间一体化、分区管制和综合利用为指针，结合城市开发，按照土地利用和人流活动强度，将地区各地块的地下开发类型进行细分，实行统一规划、重点开发，综合布局地下商城、人防工程、地下停车、市政综合管廊等功能。同时，分成 3 类，即核心开发区、管制开发区和外围开发区。

图5-16　金融商务中心区地下空间开发示意图

第二节　奥体文博中心

奥体文博中心位于东部新城核心区，该区域的兴起始于奥体中心的建设，依托济南城市发展的主轴线——经十路发展，包括奥体片区及东部新城 CBD 两个功能区，是"东拓"城市空间战略的主要承载地。

一、网络定位：拓展与强化

随着奥体中心、文博中心、龙奥大厦等大型政府项目的进入，对该片区产生了强烈的政策引导作用。中心临近文东科教区、高新科技园、济南机场和未来济南新东站，其发展应充分利用高科技与文化资源优势，以面向服务区域的智力型高端服务业为主导，以地区性金融业公司总部为支撑，以商贸服务业为辅助，突出智力型产业特色的济南东部中央商务区。目前，济南城市空间形态已和东部城区形成连绵发展态势，与城市老城中心有直接的交通联系，有利于片区之间的协调互补。奥体文博中心区定位为以文化博览、体育娱乐、商务办公、会展服务、商业金融、居住休闲为主导功能的城市一级中心（图5-17）。

奥体文博中心空间构成可表述为"一廊、三区"。其中一廊指贯穿城市的经十路发展走廊，城市大量的商务商业功能、大型公共设施集聚于这条走廊之上，也是整个东部新城与城市功能、

图5-17 奥体中心

活动连接的重要走廊。三区指东部新城CBD，奥体中心区和高新技术开发区组成济南东部新城的复合型中心。

二、路径选择：紧凑与开放

延续城市龙脉，串接东边玉顶山、北边菠萝山、马山坡、大山坡，沿经十路、龙奥南路、旅游路与转山相接，形成整个片区生态网络架构。借助周边丰富的自然景观资源，与各地块内部绿化空间相连，构成绿化成荫、团团围绕的生态绿城。结合地形，连接龙脉与玉顶山生态斑块的城市公共廊道延伸至奥体中心，两边的高层与廊道一起构成高山绿谷的城市空间意向。创造富有特色和价值的城市空间。

（1）奥体片区

以高端商务办公和商业服务为主，分为奥体西、奥体东两部分（图5-18）。其中奥体西围绕文博中心、奥体中心组团式发展，以文化展览、金融贸易为主，辅以行政、办公、研发及商业。奥体东（图5-19）围绕绿核网络聚合式发展，以商务办公、商业服务为主，辅以高端居住、娱乐休闲、酒店公寓。通过一带、双轴、单核塑造富有活力的城市标志性区域。

其中，一带指以大辛河水脉为主导的沿河休闲景观带，双轴指以连接奥体中心、龙奥大厦的南北向开放空间为绿色景观轴；以联系中央活力区的东西向纽带经十路为地区发展轴，单核指由奥体中心体育休闲区、龙奥大厦行政办公区共同构筑新城发展核心及景观绿核。

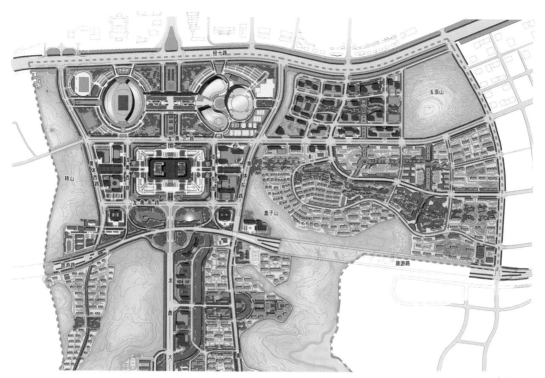

图5-18 奥体片区

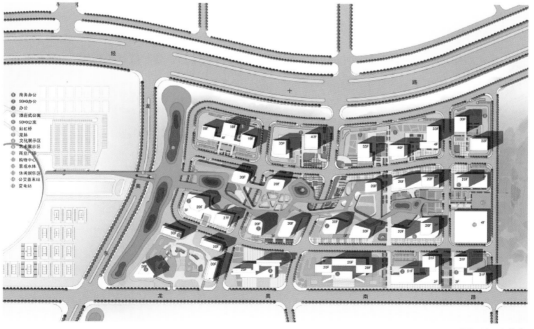

图5-19 奥体东

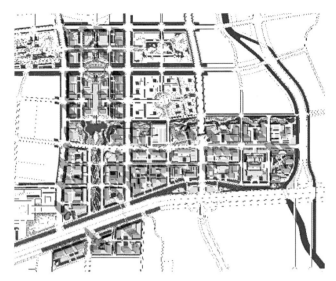

图5-20　东部新城CBD

（2）东部新城 CBD

以商业金融业主轴线为骨架，附着相应功能用地，统筹考虑与协调相应区域的用地功能。使整个中心的用地公共活动强度和设施开放程度由中央向两翼递减，每侧形成从绿化—商业—商务—混合—居住的分布模式，形成最为常见的、有利于中央商务区发展的十字开放式结构。

一轴：为贯穿片区南北的中央轴线，是本片区的景观、功能与活动主轴，是片区中最具特色的空间要素。

一心：中央绿心，是东部新城 CBD 中央区域的大型绿色开放空间（图 5-20）。

四区：包括功能混合的中央活力区，轴线北端的科技总部商务区、经十路北金融商务区以及经十路南金融商务区。

三、共生机制：标识与活力

通过建筑单体、街道空间、公园广场、自然要素、地下空间、混合利用六大方面的细节出发，引导建立整个区域的城市空间形象和品质，形成未来新济南的标志性区域。

（1）奥体片区

以中心东西贯穿的公共轴线为核心，建立一个连续、丰富的公共空间系统，为市民的各种娱乐购物活动提供空间。整个地块内形成连续的步行网络，以地下步道、地面步道、二层屋顶花园步道等交通方式将主要公共空间相串联，形成便捷安全的步行网络、富有人情味的公共空间（图 5-21）。

提倡土地混合使用，根据混合使用的功能种类和混合程度划分混合使用街区，作为地块开发的绿地景观。其中，高混合街区：指包含商业零售、餐饮服务、办公、商业金融、酒店、SOHO 等三种类型以上的街区；中混合度街区：指包含办公、商业服务、酒店等两种功能左右的街区；低混合街区：指混合程度低，通常包含一种主要功能，附带少量服务功能的街区，通常为大型公共建筑和高档写字楼。

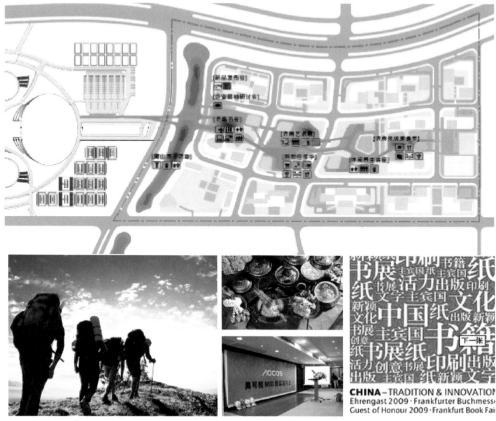

图5-21　奥体东公共轴线及公共空间系统

（2）东部新城 CBD

通过对奥体文博中心核心区空间结构的塑造,塑造 CBD 发展一体化的空间结构:轴带纵横、脊簇交织，使济南的 CBD 成为可不断生长、升级的，可持续发展型商务中心。

景观轴：通过空间的收放变化、建筑的围合变化以及南北区段的景观手法差异，形成景观中轴的多样化空间体验。

休闲带：以连续的林荫健身步道与散落的休憩服务设施形成服务于商务走廊的午休花园与乐活坊的社区公园。

展示脊：设计沿四条城市干路集中布局高层建筑，形成片区整体空间形态隆起的屋脊意向与重要的城市形象展示界面。

地标簇：设计结合地铁站点规划与整体空间结构设计的需要，布局地标建筑群，或三塔鼎立、或双塔错落、或四塔分列，形成特征鲜明的城市空间节点与形象识别（图 5-22）。

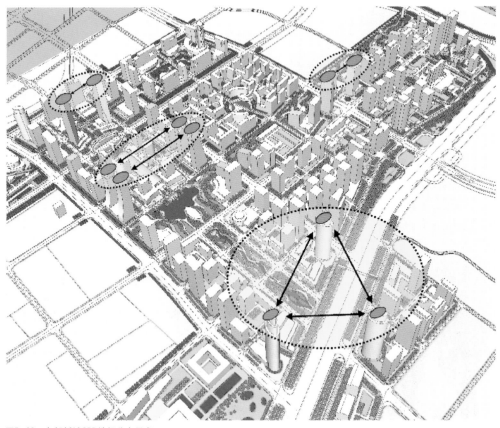

图5-22 东部新城CBD地标分布示意

四、体系支撑：多样与高效

（1）安全便捷的现代化交通网络

随着二环以里旧城区功能的疏解，主城区东部地区开发继续得以加强，交通发生和吸引量跃升为城市第二位。从城市规划路网来看，奥体文博中心具有相对较好的城市快速交通网络，与对外交通体系联系紧密，考虑用地开发强度较高，交通压力大，对外道路联络条件相对较差，为满足本地区发展的交通要求，建议采取以"交通保护核"规划模式为核心的城市交通政策。

交通网络的规划应以活动可达性的提高作为交通规划的核心，全面落实片区交通安全便捷的总体目标；同时以步行和自行车交通方式作为出行活动的优先方式，分区限速，分不同区域实现车速递减控制的目标，保障行人安全性，提高慢行环境质量；优化协调道路空间资源，统筹道路与周围建筑之间的关系，营造多样性的、开放的道路活动空间，体现集约、绿色交通的总体目标（图5-23）。

（2）立体化的地下空间网络

结合城市空间结构特征与发展趋势进行建设，使地下空间开发与城市发展方向相一致，与城市整体空间发展相协调，形成地上地下协调发展的立体化开发格局。

在总体布局上，以规划地铁线和车行地下通道、人行地下通道为"骨架"，以中心广场、地铁车站、大型公共设施的地下空间为"节点"，以不同的功能

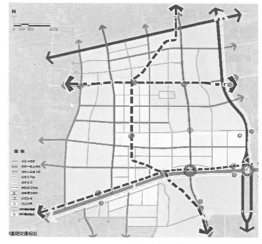

图5-23　文博中心道路交通规划

组团地下空间为"面"，形成纵横交织的地下空间开发利用网络。从地下空间开发深度上来看，可以大致分为：中等强度开发——主要围绕地铁站、商业办公等开发强度大、人流量密集的地块，开发深度达到地下三层；低等强度开发——主要以满足停车、设备、仓储等功能为主，开发深度大致为地下二层。

第三节　西客站中心

西客站中心位于二环西路以西，是连接老城区与西部城区的重要节点，是结合京沪高铁项目开发建设的，以金融、会展、总部经济为主导，以商贸休闲服务业为辅助，以房地产业为基础的生态品质优良、新兴产业繁荣、城市功能齐全、人气商机集聚的现代化城市新区。

一、网络定位：拓展与强化

西客站中心定位为"山东新门户、泉城新商埠、城市新中心、文化新高地"，以济南西客站配套建设为重点，以高端商务办公、文化艺术、会议展览、商业金融、交通枢纽为主导功能的一级城市公共中心。充分利用高铁站的交通枢纽功能，优化综合多种交通方式，建立先进的交通体系，引领腊山新区的发展，使其成为齐鲁地区的交通门户；大力发展商业、商务办公、会展等城市功能，以使该地区成为济南的新商埠；西客站片区是腊山新区的中心区，也是济南西部的新中心。

核心区将着力发展现代服务业为主体的新经济，同时以生态绿地和腊山河为生态内核的生态文明区，成为整个西部新区的引擎。通过国内城市中心建设情况进行案例类比，以城市功能安排为先导，在保证城市功能和产业布局健康发展的基础上，估算核心区地上建设总量为1350~1400万平方米。

二、路径选择：多元与复合

京沪高铁作为未来带动济南城市发展的新引擎之一，将带动周边新兴区域的发展。京沪高铁站的建设是片区最为核心的推动因素以及未来开发利用的主要资源。围绕"东拓、西进、南控、北跨、中优"的城市空间发展战略，片区的功能定位为形成以商务、会展、文化为主导功能的城市中心，与旧城区

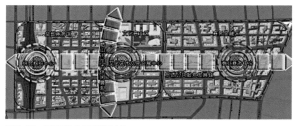

图5-24　西客站片区规划结构

或主城区形成互补，起到城市升级扩容作用。

西客站中心应特别注重围绕站点发展轴线的组织，在开发建设上建议以开发单元的形式进行循序渐进的推进；同时围绕"山、河、湖、泉、城"等自然人文要素和京沪高铁济南站重要的交通要素展开规划构思，形成"一纵两横三区"的结构布局（图5-24）。

"一纵"指腊山河——腊山的南北自然山水轴线，既是整个城市布局结构中一条重要的南北轴线，又是一条具有全新功能、全新面貌的新区景观轴线，它将充分展现新济南的城市形象。

"两横"指经十西路和无影山西路延长线东西轴线，前者是经十路城市发展主轴向西部的延伸，作为城市的脊柱，它将新旧城区连为一体，为城市注入新的生命气息。同时它也是一条兼有交通和城市生活的动态发展轴线；后者是一条集商业、金融商务、文化娱乐等多功能共同组成的城市功能轴线。

"三区"是指以经十西路和小清河为分界线形成的北部、中部和南部三部分发展区。其中，北部发展区以发展绿色生态农业、生态旅游休憩功能为主，严格控制北部的开发建设，使其形成城市西北部的大型绿色开敞空间和生态廊道；中部发展区布置商业、金融商务和文化设施，形成城市的新中心；南部地区则以高档居住、体育和物流为主要功能，低密度开发（图5-25）。

图5-25 西客站中心空间组织示意

三、共生机制：生态与传承

西客站中心区位于城市发展轴线上，具有优越的发展潜力，而且作为主城区与大学科技园片区的连接节点，将成为高科技人群的又一聚集地。该区域北有美里湖生态绿地，南有腊山郊野公园，通过腊山河引入中心区内部，通过多条水系可以形成良好的区域环境调节系统。

强调弹性使用土地，发挥土地最大效用。结合站点周边的较高密度开发，加强地区发展的可持续性。用地的混合可在用地内解决城市生活及工作的各类需求，减少人们对交通工具的依赖。对于商务功能和商业功能活动的时段特征，通过土地混合使用保持人群活动的延时性，注入活力，增加地区非办公时段的人气（图5-26）。

延续文脉，形成典型的山水城市格局。其中新城北部以生态景观为特色；中部为滨水景观风貌；南部山青林茂，具备山水城市的自然格局。根据空间结构，打造新城"山、水、绿"的景观构成。其中，北部为"绿"的城市，以创造绿色生态城市为目标，为城市提供大面积绿色开敞空间（图5-27，图5-28）；中部为"水"的城市，创造中心区亲水空间环境，塑造高品质的中心；南部为"山"的城市，山在城中，城周有山。山林景观，融合城市。综

图5-26　西客站中心土地混合开发模式示意

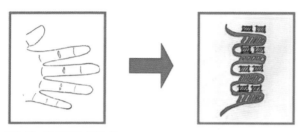

图5-27　山水空间"引"绿

图5-28　西客站中心中央绿轴

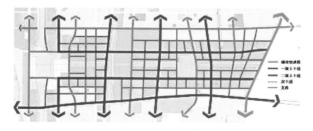

图5-29　西客站中心道路系统

合考虑南部腊山与北部美里湖乃至黄河的南北向生态文脉，通过腊山河对该区域接泊，形成生态文脉在该区域的延续。该区域内兴福寺为省级文保单位，是历史遗存，应保护兴福寺，并对该地区进行风貌控制，形成济南的当地特色商业街区，体现对文脉的传承。

四、体系支撑：便捷与高效

西客站中心是济南轨道交通及 BRT 交通的汇集处，规划要充分利用轨道交通带来的便捷性，提升区域开发价值。轨道交通站点及 BRT 站点周边应进行高强度的公共服务功能开发，依托交通导向拓展城市功能。结合设置合适的多元功能，使各种空间和谐、有序、可持续的较高密度结合开发，充分发挥轨道交通对城市发展的推动作用。配合安全的步行环境，宜人的公共空间，形成步行空间和轨道交通的良好结合。

（1）与高铁便捷连接的综合交通体系

西客站中心作为城市新型功能的聚集区，需将与城市机场、火车站、客运站、轨道网的快速连通，从而强化高铁站的辐射影响范围，创造便捷的综合交通体系。站前交通要求体现品质，打造高品质的交通系统，体现效率，实现快进快出，高效便捷地与城市各个组团联系。对区内路网进行优化布局，同时创造具有特色及人性化的慢行道路系统（图 5-29）。

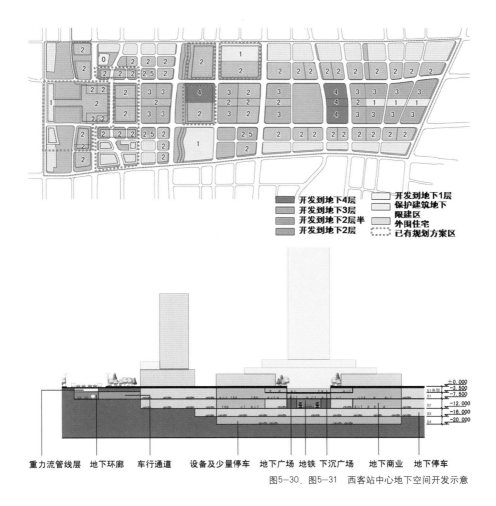

开发到地下4层　　开发到地下1层
开发到地下3层　　保护建筑地下
开发到地下2层半　限建区
开发到地下2层　　外围住宅
　　　　　　　　　　已有规划方案区

重力流管线层　地下环廊　车行通道　设备及少量停车　地下广场　地铁　下沉广场　地下商业　地下停车

图5-30，图5-31　西客站中心地下空间开发示意

（2）致力于改善地面交通压力的地下空间建设

中心区地下环廊具有联系地下停车场的交通通道，缓解地面交通压力，净化地面交通环境的强大功能，因此西客站中心区地下道路系统采用地下环廊为核心区服务改善内部交通环境；地下空间按照周边公建区、核心公建区、外围住宅区的不同功能要求进行划分（图5-30，图5-31）。

第四节　滨河新区北湖中心

滨河新区北湖中心位于泉城特色风貌带的北延地段，规划用地范围西起顺河高架路，东至历黄路，南至标山南路，北至新黄路南侧城市次干道（图5-32）。

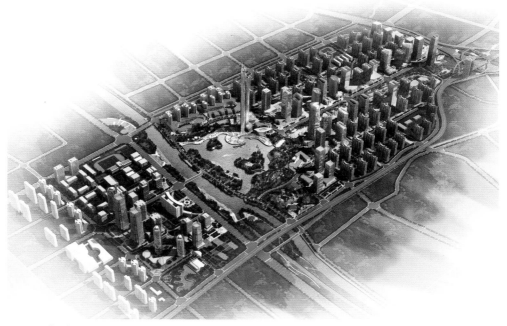

图5-32　滨河新区北湖中心

一、网络定位：培育与优化

济南南北以自然山水为特征，东西以城市发展时代延续并与南北山水融合为特征，构成城市风貌的总体格局。滨河新区北湖中心处于城市传统风貌轴上，在"东拓、西进、南控、北跨、中优"的城市总体发展战略下崛起，成为城市最有吸引力、最亮丽的观赏点、工作地和旅游场所之一；是服务北部的商业中心和公共活动中心，以休闲旅游和文化传播为特色的城市二级中心。

滨河新区核心区目标定位从彰显文化特色、构造复合型城市副中心、带动滨河新区发展、满足居民需求、建设和谐城市四方面考虑，将打造成为服务济南北部的城市商业中心和城市公共活动中心，以休闲旅游和文化传播为特色的济南城市副中心。充分考虑现状条件与开发建筑的实际情况，最大程度保护原有地形、水系，注重超前性和长效性，本着构造复合型城市副中心，带动滨河新区发展的原则确定本区的开发建设容量；同时最大化滨水空间和核心区的外部效应，创造良好的空间环境，促进相关产业的互动与整合，成为小清河及济南市的一个标志性绿色核心城区。

二、路径选择：传承与延续

滨河新区北湖中心南眺大明湖，处在古城的辐射范围之内，位置非常重要。通过对"泉"文化的理解和延续，强调规划区内物质环境的集中化、功能活动的多元化和整体运营的高效化，结合核心区内部的小清河、北湖和通航河道的三大水体元素现状，形成"两心、双区、三轴"的规划结构（图5-33）。

双区包括北区市民文化中心区和南区北湖核心区。北区市民文化中心区以市民文化服务中心为代表；南区北湖核心区以北湖和超高层综合体为引领。三轴：以通航河道为城市空间控制轴线形成中央水韵之轴；东西两侧的步行街为城市空间骨架的有益补充；西侧为生活文化轴、东侧为商业文化轴。

三、共生机制：生态与活力

从城市整体出发，建立大明湖与北湖之间的空间联系，延续济南南北城市风貌主轴，强调规划区与周边空间环境的和谐性，规划区内部空间结构布局的系统性和疏密有致的空间骨架。一方面传承济南传统街区的别致，另一方面体现济南新时代发展的宏伟尺度，构筑特色鲜明的整体空间形态；滨水空间为城市居民提供一个集休闲、观光、运动、集会、娱乐等为一体的城市客厅。

建筑高度从河岸向北湖和市民文化服务中心区逐渐升高，并且以北湖的超高层综合体作为制高点；以湖滨400米超高层为制高点，错落有致的建筑高度使高层建筑得到了充分地展现并且形成了层级变化的天际线。运用核心区独特的运河、湖泊资源，强调"屋顶绿化、地面绿化、运河滨水绿化、北湖湖畔绿化"的三层次立体化绿化系统，为城市创造更多的绿色空间，保证物种多样性（图5-34）。

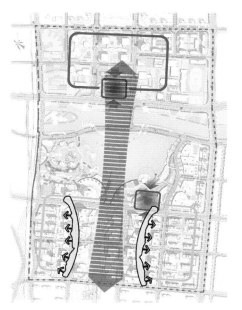

图5-33　滨河新区北湖中心规划结构

开敞空间

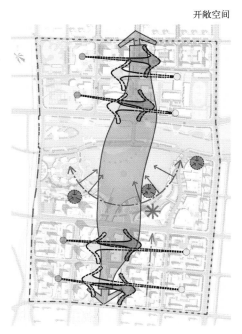

图5-34　滨河新区北湖中心空间系统

四、体系支撑：低碳与多元

路网尺度及结构与城市二级中心的定位相吻合，与城市滨水空间相结合塑造有特色的城市空间，与人的出行活动相适应，突出步行尺度在城市交通中的控制作用，建构符合中心区发展的公共交通网络（图5-35）。构建连续的地面人行系统，串联所有功能区块，包括环湖步行带，市民文化服务中心步行环，核心区步行街等。建立二层商、游步行系统。南北两区分别建立二层步行系统，连接起不同地块楼宇的二层，其上布置绿化、雕塑、小品等，与地面广场、绿地有机衔接，成为空中的游憩、购物系统；完善特色公共交通体系。城市地铁站应结合中央商业综合体，并且与地面公交、水上游船停泊站整合设计，形成交通商业综合体；水上公共交通应全程联系大明湖和北湖。

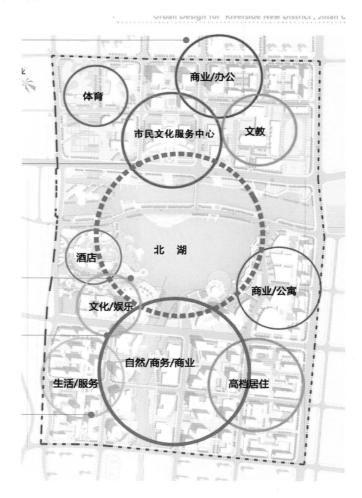

图5-35 滨河新区北湖中心
功能布局

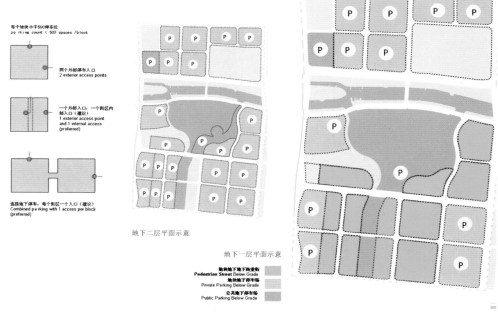

每个地块小于500停车位
parking count < 500 spaces /block

两个外部停车入口
2 exterior access points

一个外部入口，一个街区内部入口（建议）
1 exterior access point and 1 internal access (preferred)

连接地下停车，每个街区一个入口（建议）
Combined parking with 1 access per block (preferred)

地下二层平面示意

地下一层平面示意

地块地下商业街 Pedestrian Street Below Grade
地块地下停车场 Private Parking Below Grade
公共地下停车场 Public Parking Below Grade

图5-36　滨河新区北湖中心地下空间利用

为保证北湖及周边地块高品质的环境空间，鼓励地下空间的高效利用；商业等公共设施鼓励地下一层作为商业等功能存在，地下二层作为车库等后期设施用途；结合地铁站点的建设鼓励上盖商业设施，地下、地上空间的一体化开发；居住用地鼓励地下停车库的建设，在符合绿色低碳思想的基础上提供适量的停车位；鼓励地下空间的网络化、通行化、系统化建设（图5-36）。

第五节　大学科技园中心

大学科技园核心区依托大学科技园、园博园发展，着力打造新型创意核心区、凸显公共生活与活力的城市生态绿芯，以文化创意、服务外包、教育培训、科技研发、旅游休闲、商贸会展为主导功能的城市二级中心（图5-37）。

一、网络定位：培育与优化

把湖水及绿地系统作为核心区必不可少的可持续发展条件，强调人、建筑、环境的共存与融合，注重环境、崇尚自然、关注人性，充分利用规划区内外良好的生态景观资源，提升

图5-37 大学园区中心平面示意

空间环境生态品质，注重资源集约利用，实现规划区可持续发展，确定合理的建设容量，保障创意园充分的开敞空间和适度的开发建设。

二、路径选择：混合与有机

适当细分功能、有机混合是集约高效的利用土地和创造和谐城市氛围的必要手段。片区将城市中商业、办公、居住、旅店、展览、餐饮、会议、文娱、交通等城市生活空间的三项以上进行组合，并在各部分间建立一种相互依存、相互助益的能动关系，从而形成一个多功能、高效率、复杂而统一的综合体。利用多种功能的连接和复合创造集聚效应。

形成"三轴望塔，一脉连城"的规划布局结构。其中，三轴分别为：西北、东南方向两条由办公建筑围合而成的轴线，巨构建筑围合形成的主轴线；一脉：贯穿基地西北至东南的一条连续的弧线步行休闲景观带，穿越并联系各个街区，把自然环境引入到城市生活中；塔为规划区内湖面中心景观塔。

三、共生机制：生态与文化

注重城市与公园的空间叠合，延伸滨湖公园的景观设计，形成与公共休闲及步行系统相契合的绿化系统，以西南方向的绿化轴线为重点，以贯穿居住区的绿色通道、环形绿带、商业环道等空间元素将不同的功能区有机地串联在一起。可达性强、彼此连续的公共开敞空间，为人们提供丰富的活动场所，将城市、公园与远山融合为一个和谐的整体，使整个核心区犹如建设在一个完整的公园内部，有效提高城市环境品质（图5-38）。

图5-38　大学园区中心公共空间示意

图5-39　大学园区中心地标性建筑

高 180 米、长大于 1000 米巨构作为地标建筑，是多重城市功能的联合体，以"书籍"的主题形象作为立面构思，呼应大学科技园的文化内涵，以象征手法表现山东尊重知识、重视教育的深厚文化底蕴，它与周边的公共开敞空间和建筑有便捷的、多方位的联系，并形成一条宽阔疏朗的城市轴线；办公塔楼所形成的天际线，从交通干道向湖边逐渐降低，并通过一条轴线延伸至湖滨（图 5-39）。

四、体系支撑：多元与高效

合理安排核心区外围交通、区内车行交通；注重区分快速车行交通与步行交通，打造不同的界面风格；进行双尺度的城市设计，把速度因素纳入设计依据，打造更为人性化的城市生活；人们在道路界面上得到的是高效专业的商业商务服务，而在街区的内部，则是亲近自然的郁郁葱葱的人工山谷。

步行体系是机动车交通的必要补充，也是塑造城市活力的重要途径，包括休闲景观步行带、商业步行街等在内的步行系统层次丰富、形成网络。在组团用地层面注重绿地系统和步行空间的契合，用放射状的绿廊穿透围合广场的各个建筑圈层；步行主轴线的人行界面分为上下两层，上层为休闲游憩步行界面，波浪形起伏的屋面构成一条高低变化的步行流线，下层为沿街商业购物步行界面，为沿街散步的行人提供一个消费、购物的商业空间。此外，联系众多地块的步行休闲带是人们沟通、交流、放松身心、户外活动的重要场所，是人们进入开敞空间最便捷的路径。

第六节 唐冶新区中心

唐冶是济南东部城区的公共服务中心，依托绕城高速、历史和生态资源崛起，结合城市整体功能和景观，规划为以行政办公、商业服务、文化体育、生活居住为主导功能的城市二级中心（图5-40）。

一、网络定位：培育与优化

中心区建设强度控制对于营造一个舒适、愉悦、生态的城市中心至关重要，应适度提升土地建设强度、有效集约利用土地，以促进新区核心区形象提升，在符合城市功能需求的前提下，合理确定区内开发建设容量：居住用地容积率不低于2.0；商务酒店用地容积率不低于3.0；商务办公、商务休闲用地容积率不低于4.0（图5-41）。

二、路径选择：混合与高效

规划形成"一轴、一环、两带、三团"的空间布局（图5-42）。一轴为以世纪大道为核心的城市多样性景观轴线；一环为串联规划区域各组团的都市绿色环廊；两带为生态刘公河和土河；三个功能组团分别为行政商务、商业休闲和研发居住组团，每个功能组团都具有相对完善的城市功能。

三、共生机制：标识与生态

将城市建设与自然生态高度融合，营造一种城市建筑生长于自然中的环境氛围，打

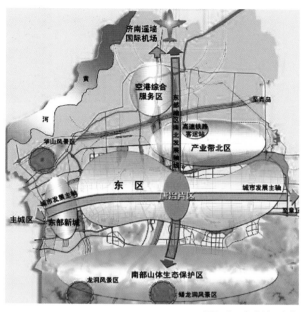

图5-40 唐冶新区中心

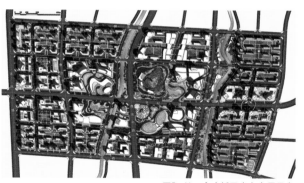

图5-41 唐冶新区中心布局示意

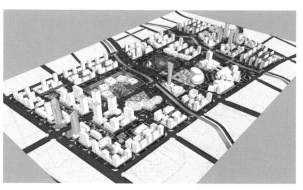

图5-42 唐冶新区中心空间结构示意

图5-43　唐冶新区中心绿地景观营造

造一个人与自然相互交融共生的生态城市中心区。充分利用废弃的矿坑资源，通过技术改造和环境整治，利用北边矿坑资源打造一处地下探险拓展乐园，利用南边矿坑资源打造一处生态公园，和中部的唐冶山文化主题公园一起构成南北向主轴线上的三个"绿核"；同时依托刘公河、土河及世纪大道两侧绿地塑造绿地景观系统骨架打造环形生态绿廊（图5-43）。

在世纪大道两侧规划各20米宽道路绿化带；规划区域内超高层建筑主要沿世纪大道延伸展开，并在行政商务组团、商业休闲组团与研发居住组团三个组团的核心位置各形成一组标志性节点。世纪大道两侧天际线控制以西侧的标志性门户为起点，向东逐渐降低，在政务地块与文化地块附近形成一处低矮开敞的城市空间，之后在刘公河东侧设置高点，成为规划范围核心部位统领全区的标志性建筑（图5-44）；经过逐渐过渡，在研发组团中部形成一组超高层建筑群，成为规划范围内沿世纪大道地标系统最后的高潮，同时作为唐冶新区核心区的东侧门户标志节点。设计理念充分体现现代城市的多功能性以及生态型绿色都市理念。

四、体系支撑：便捷与高效

依据城市功能的不同，道路在交通组织的方式上也存在差异，本区在充分贯彻上文对道路系统规划的基础上对核心区方案布局进行调整：公共服务区域内部适当减少城市支路，代之以较完善的慢性道路系统，更好地营造与自然融为一体的生态氛围。外围城市职能区则合理提高道路密度，完善高效的机动车通行系统。坚持TOD的开发理念，充分利用轨道效应。

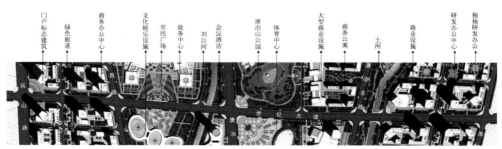

图5-44　唐冶新区中心世纪大道两侧景观营造

公交线路沿城市主、次干道布置，服务范围全面覆盖规划区域。轨道交通站点间距控制在800~1000米之间，以使站点周边500米最佳服务范围高效全面地覆盖轨道交通沿线地区。

　　将规划区内轨道站点与站点周边土地进行一体化立体设计与开发（图5-45），集约高效利用土地，打造立体都市。将"功能分区、开发控制、有机整合"三大核心理念作为主要原则，首先，通过对地下空间的"功能分区"确定各个片区的地下开发功能导向；进而通过规划中对地下空间的开发量控制，进一步确定片区内的地下空间开发总量和地块的地下空间利用强度；在上述基础上通过对不同地块间、不同使用功能、不同空间权属间通道、运行的有效控制和整合，最大限度地实现中心各个功能、各种权属地下空间的有机整合。

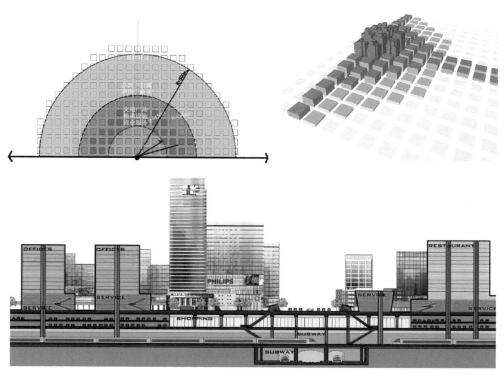

图5-45　轨道站点与周边一体化开发示意

第七节　新东站中心

　　新东站中心位于中心城东北部王舍人片区，济青高速以南、工业北路以北、大辛河以东、韩仓河以西，毗邻华山湿地公园、东部新城、北部空港片区，以交通枢纽、商务服务、商业金融、旅游休闲主导功能，是城市实施"东拓、北跨"的关键节点。

一、网络定位：培育与优化

新东站中心处在省会城市群经济圈增长极边缘和多条发展轴的交汇处。片区内的新东站是济南铁路枢纽三大主客运站之一，是石济铁路客运专线三大始发站之一，集高速铁路、城际铁路、公路客运、城市轨道交通、公共交通等多种交通方式于一体，是服务省会城市群的现代化区域性综合交通枢纽。随着济南都市圈城际轨道交通的引入、青太客运专线及济南新东站落户，铁路、机场及高速等对外交通便捷，将对城市东北部地区的功能重塑、产业升级、用地布局和辐射带动等提供了优势条件。

该中心是城市主城区的东北门户区，结合东客站建设，片区将以交通枢纽功能为先导，通过高铁经济与空港经济联动发展，疏解中心城人口和功能，发展商贸服务、商务办公、临空经济、旅游服务、总部办公、科技研发、文化创意、战略新兴产业，带动济南东部地区发展，打造济南都市圈崛起的战略引擎、济青发展带西端的产业高地、济南市东部地区城市二级中心。

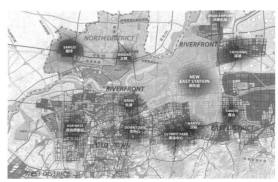

图5-55 新东站中心区位示意

图5-56 网络定位与联系

二、路径选择：多元与复合

新东站中心拥有优越的地理位置和周边环境，东客站、白泉公园、小清河、黄河、华山、鹊山是片区重要资源，华山、新东站、遥墙三大重点片区是支撑其发展的重要核心。其发展思路应跳出传统的车站功能和布局，转变为一个交通便捷、功能复合、形象鲜明、充满生机的区域服务中心，发挥产业协作、功能互补的带动作用，与农科院、雪山、长岭山三个片区形成有主有辅的区域构架。

在路径结构方面，注重向"两心、三轴"的转变，形成"新东站核心"、"空港核心"双心引擎，

"济阳—空港—新东站—东部CBD"、"北部新城—华山—老城"、"北湖—华山—新东站—郭店"三轴聚合发展的格局。

在功能定位方面，注重由城市生活服务区向生产生活综合服务区的转变，由传统工业区向低碳环保创新示范区的转变，由城市边缘地区向城市次中心的转变。

在景观和商业服务方面，注重以"泉城"文化为内涵的休闲旅游目的地城市。高铁开通后或将带来大量参观、旅游、异地购物人流。新东站核心区应考虑这部分人流的商业服务、旅游休闲需求。在新东站核心区和周边城市中心区之间，既要考虑区域协同，又要注重错位发展。通过特色化、适度高端化的功能定位，使新东站中心成为城市公共服务、生产服务体系的有益补充和良性拓展。

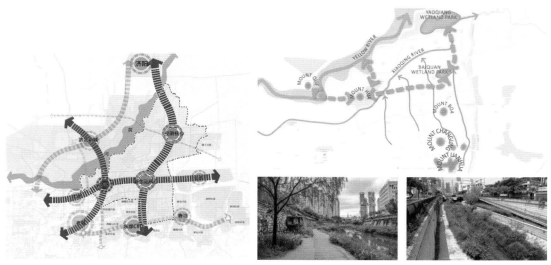

图5-57　区域发展路径　　　　　　　　　　　　　图5-58　区域特色景观资源

三、共生机制：生态与高效

片区独特的地理位置和周边环境，需要将交通枢纽的设计与济南城市特色、独特自然资源紧密结合，最大限度地体现城市特色，同时体现对自然资源的最大尊重和利用，充分考虑白泉片区与华山、白泉等周边景观的协调，着力打造绿色廊道，开放景观视廊。具体规划思路和手法有：

通过"山、泉、湖、河、城"的蓝绿联网，重点打造"华山、万亩荷塘、白泉"三大景观核心，加强黄河、小清河及支流成网成系统的生态空间塑造，并通过休闲步道、自行车道加强各景观节点的联系。

鼓励TOD导向用地开发模式，依托轨道交通和BRT走廊，打造公共服务设施集中的空间

ALLOCATE PRIMARY AND
SECONDARY CENTERS WITHIN THE
TODS ACCORDING TO LEVELS OF
TRANSIT INVESTMENT, CAPACITY,
AND TYPES OF LAND USE.

图5-59　片区TOD单元规划

发展廊道，公共交通沿线进行不同等级TOD模式开发建设，加强两侧建设联动发展，实现土地的综合利用。

依托轨道交通线路及站点，形成空间发展廊道。联通整合区域及周边重大影响要素，加强各要素之间的关联度，通过发展轴带、景观通廊实现联动发展。

打造新东站、空港、华山、万亩荷塘等重要节点，依托节点集聚功能。沿空港—高铁发展轴，布局临港产业区、现代服务业聚集区、创意文化区、综合体开发区；沿轨道交通线两侧布局公共服务设施集中区；环华山—万亩荷塘—白泉湿地，布局旅游配套区；沿小清河及其支流两侧，布局生活居住区；沿黄河、铁路，布局生态景观区。

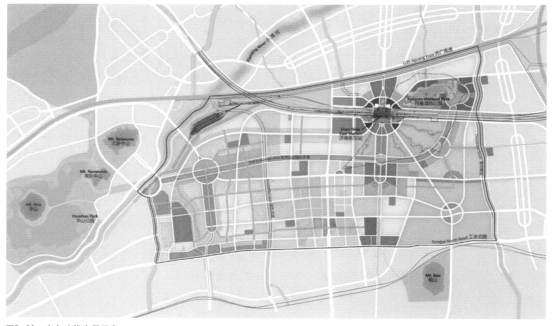

图5-60　中心功能布局示意

图5-61 中心核心区示意

四、体系支撑：低碳与紧凑

新东站中心以公共交通为导向，整体规划结构围绕 TOD 中心、高铁站商业中心、混合功能区，致力于塑造适宜步行、混合功能和交通便利的城市中心区。同时，片区内丰富的水系和公交系统将中心连接到周边片区、自然公园，并结合白泉湿地公园的保护开发，保留片区的标志性元素。可借鉴的做法包括：

大力发展公共交通，根据城市交通布局引导大容量的开发（TOD），将开发密度和公交系统高峰小时的最大运送能力相匹配，形成合理的城市空间布局结构和分散的城市就业中心，使城市土地利用和城市公共交通规划有良好的协同。建立支持土地混合利用开发的交通系统，

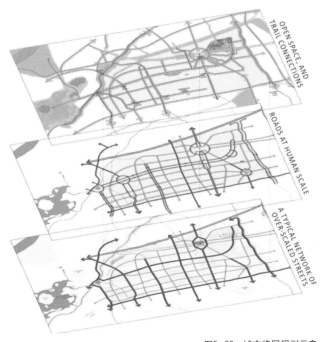

图5-62 城市格网规划示意

规划密集的道路网格，平衡步行、自行车、公共交通、私人小汽车以及商用车辆出行。

通过高度联通和种类多样的道路网，保证人本尺度并与城市承载量契合，如采用小格网和单向二分路路网设计手法。道路网由一系列不同类型的街道构成，其中过境型交通由干道或单向二分路承担，公交林荫道为 BRT 等公交系统提供专用空间，慢行道容纳自行车道、步行商业街以及公交专用道以辅助国境道路，支路网则提供各个街区的联系通道。

建立多功能混合的邻里社区，鼓励节能建筑和社区系统建设，以降低碳排放。通过小街区规划鼓励土地混合利用，居民可以通过步行到达工作场地、社区服务和公园，通过土地混合利用、增加底层商铺，街区内部安排不同尺度、外形和高度的建筑，提供街区内部庭院等，保证街区开发强度、职住平衡、人本尺度和地区活力。

结　语

我国正处于经济和城市化的快速发展期，国内大部分特大城市在新经济推动下都面临着突破单中心圈层蔓延的空间结构重组问题，纷纷提出了多中心的取向。无论是区域的视角还是多中心网络空间体系建构对于这一空间结构的取向有着至关重要的意义。

本书的主要结论有：

（1）"山水泉城、和谐共生"是济南致力于实现可持续发展理念下的城市空间发展愿景；

（2）资源、环境、历史等各要素共生的空间发展理念是现代特大多中心城市的空间优化的根本机制，适度集聚的空间网络结构是现代特大多中心城市的空间优化的合理方向，秩序有机的空间组织方式是实现城市空间体系明晰和有效控制力的理想选择；

（3）构建"三主、四次、多元共生"的四级公共中心网络体系是济南基于现阶段谋求发展的科学判断。

尽管本书对济南市城市空间形态及多中心体系提出了一系列的发展设想、理念和相关的规划策略，对济南一定时期以内空间发展提出了比较切实的规划策略和工作重点，但也有某些问题须进一步探讨：

（1）多中心城市结构意味着多个决策中心，在城市社会生活中，存在民间和公民的自治、自主管，这些力量分别作为独立的决策主体围绕着某些公共问题，而如何让寻求高效绩的解决途径有待进一步探讨；

（2）随着经济活动的进一步集聚和发展，城市区域的不断扩大，次中心将会发生很多的变化，如数量的增多、驱动力的改变、功能的增加等，相应地，多中心结构也会进一步演变，这些问题都待进一步做动态跟踪研究。

图片来源

本书引用的图片及表格资料，大量来源于济南在 2006~2012 年间相关城市规划资料及作者在此基础上的总结和自绘，一部分来源于互联网，一部分来源于国内外相关理论专著，在此谨对著者和规划编制单位表示感谢。其中：

图 2-1、2-2 源自赵和生 . 城市规划与城市发展 . 东南大学出版社（第三版）.

图 2-4 源自廖乙勇 . 都市更新主体之共生模式 . 中国建筑工业出版社 .

图 2-7、2-8 源自 [美] 查理斯·莱托 . 美国的绿道 . 中国建筑工业出版社 .

图 2-9 源自 [日] 海道清信 . 紧凑型城市的规划与设计 . 中国建筑工业出版社 .

图 2-10 源自 [荷] 容曼 . 生态网络与绿道 . 中国建筑工业出版社 .

表 2-3、图 2-13 源自 [美] 彼得·卡尔索普 . 未来美国大都市：生态·社区·美国梦 . 中国建筑工业出版社 .

图 2-20、2-22、2-23 源自栗德祥 . 欧洲城市生态建设考察实录 . 中国建筑工业出版社 .

参考文献

[1] AB·布宁等. 城市建设艺术史：20 世纪资本主义国家的城市建设 [M]. 北京：中国建筑工业出版社，1992.

[2] 查理斯·E·利特尔. 美国绿道 [M]. 北京：中国建筑工业出版社，2013.

[3] 柴彦威. 城市空间 [M]. 北京：科学出版社，2000.

[4] 段进. 城市空间发展论 [M]. 南京：江苏科学技术出版社，1999.

[5] E·霍华德. 明日的田园城市 [M]. 北京：商务印书馆，2000.

[6] E·沙里宁. 城市：它的发展、衰败与未来 [M]. 北京：中国建筑工业出版社，1986.

[7] 国家建设部编写组. 国外城市化发展概况 [M]. 北京：中国建筑工业出版社，2003.

[8] 海道清信. 紧凑型城市的规划与设计 [M]. 北京：中国建筑工业出版社，2011.

[9] 黑川纪章. 新共生思想 [M]. 北京：中国建筑工业出版社，2009.

[10] 胡俊. 中国城市：模式与演进 [M]. 北京：中国建筑工业出版社，1994.

[11] 黄亚平. 城市空间理论与空间分析 [M]. 北京：中国建筑工业出版社，2002.

[12] L·芒福德. 城市发展史 [M]. 北京：中国建筑工业出版社，1989.

[13] 栗德祥. 欧洲城市生态建设考察实录 [M]. 北京：中国建筑工业出版社，2011.

[14] 理查德·罗杰斯等. 小小地球上的城市 [M]. 北京：中国建筑工业出版社，2001.

[15] 李克等. 郑东新区规划总体规划篇, 城市设计与建筑设计篇 [M]. 北京：中国建筑工业出版社，2010.

[16] 廖乙勇. 都市更新主体之共生模式 [M]. 北京：中国建筑工业出版社，2006.

[17] 罗布·H·G·容曼. 生态网络与绿道. 北京：中国建筑工业出版社，2011.

[18] 迈克尔·麦金尼斯. 多中心体制与地方公共经济 [M]. 上海：三联书店，2000.

[19] Peter Calthorpe. 未来美国大都市：生态·社区·美国梦 [M]. 北京：中国建筑工业出版社，2009.

[20] Richard Registe. 生态城市：重建与自然平衡的城市 [M]. 北京：社会科学文献出版社，2010.

[21] 施单达斯·拉夫尔. 我们的家园—地球：为生存而结为伙伴关系 [M]. 北京：中国环境科学出版社出版，1989.

[22] Serge Salat. 关于可持续城市化的研究 – 城市与形态 [M]. 北京：中国建筑工业出版社，2012.

[23] World Commission on Environment and Development. 我们共同的未来 [M]. 长春：吉林人民出版社，1991.

[24] 赵和生 . 城市规划与城市发展 [M]. 南京：东南大学出版社（第三版），2011.

[25] 朱喜钢 . 城市空间集中与分散论 [M]. 北京：中国建筑工业出版社，2002.

[26] 陈绍愿等 . 城市共生：发生条件、行为模式与基本效应 [J]. 城市问题，2005(2)：9–12.

[27] 刘伟 . 城市边缘区土地利用的研究方向探讨 [J]. 现代城市研究，1998(3)：58–61.

[28] 栾峰 . 战后西方城市规划理论的发展演变与核心内涵 [J]. 城市规划汇刊，2004(6)：83–87.

[29] 肖荣波等 . 欧洲城市低碳发展的节能规划与启示 [J]. 现代城市研究，2009(11)：27–31.

[30] 李强 . 共生理论在城市群研究中的应用研究综述 [J]. 榆林学院学报，2011（1）：51–54.

[31] 潘海啸 . 快速交通系统对形成可持续发展的都市区的作用研究 [J]. 城市规划汇刊，2001(4)：43–46.

[32] 彼得·霍尔，考蒂·佩因 . 从大都市到多中心都市 [J]. 国际城市规划，2009（S1）：319–331.

[33] 仇保兴 .19 世纪以来西方城市规划理论演变的六次转折 [J]. 规划师，2003(11)：5–10.

[34] 韦亚平，赵民 . 都市区空间结构与绩效—多中心网络结构的解释与应用分析 [J]. 城市规划，2006(4)：9–16.

[35] 邹兵 . 渐进式改革与中国城市化 [J]. 城市规划，2001(6)：34–38.

[36] 邹德慈 .21 世纪 – 城市可持续发展的目标选择 [J]. 中国城市经济，2000(2)：43–46.

[37] 吴人韦，付喜娥 . "山水城市"的渊源及意义探究 [J]. 中国园林，2009(6)：39–44.

[38] 应盛 . 美英土地混合使用的实践 [J]. 北京规划建设，2009(2)：110–112.

[39] 王国爱，李同生 . "新城市主义"与"精明增长"理论进展与评述 [J]. 规划师，2009(4)：67–71.

[40] 游小文，国芳 . 济南核心都市区空间整合研究 [J]. 规划师，2012(8)：88–92.

[41] 卢明华 . 荷兰兰斯塔德地区城市网络的形成和发展 [J]. 国际城市规划，2010(12)：53–57.

[42] 陈睿，吕斌 . 济南都市圈城市化空间分异特征及引导策略 [J]. 人文地理，2007(10)：43–49.

[43] 清华大学建筑学院，济南市规划设计研究院 . 泉城特色风貌带规划 [R].2002.

[44] 中国城市规划设计研究院 . 济南市奥体文博片区文博中心城市设计 [R].2010.

[45] 中国城市规划设计研究院 . 济南东部新城核心区 CBD 城市设计研究 [R].2011.

[46] 北京大学城市规划设计中心，济南市城市规划设计研究院 . 济南市北跨与北部新城发展战略研究（2012–2030）[R].2012.

[47] 深圳市城市规划设计规划院 . 济南市奥体东片区城市设计 [R].2010.

[48] 北京清华城市规划设计研究院 . 济南唐冶新区核心区城市设计 [R].2010.

[49] 北京清华城市规划设计研究院 . 济南金融商务中心区城市设计 [R].2010.

[50] 上海现代设计集团 . 济南市滨河新区核心区城市设计 [R].2010.

[51] 济南市规划设计研究院 ."十二五"济南市城市综合体规划 [R].2010.

[52] 美国卡尔索普事务所，济南市规划设计研究院 . 济南新东站地区 TOD 规划 [R].2014.

[53] 济南市规划设计研究院 . 济南新东站 – 华山周边区域规划研究 [R].2013.

[54] 清华大学建筑学院，济南市规划设计研究院 .《泉城特色风貌带规划》: 2002

[55] 中国城市规划设计研究院 .《济南市奥体文博片区文博中心城市设计》:2010

[56] 中国城市规划设计研究院 .《济南东部新城核心区 CBD 城市设计研究》: 2011

[57] 北京大学城市规划设计中心，济南市城市规划设计研究院 .《济南市北跨与北部新城发展战略研究（2012–2030）》: 2012

[58] 深圳市城市规划设计规划院 .《济南市奥体东片区城市设计》: 2010

[59] 北京清华城市规划设计研究院 .《济南唐冶新区核心区城市设计》: 2010

[60] 北京清华城市规划设计研究院 .《济南金融商务中心区城市设计》: 2010

[61] 上海现代设计集团 .《济南市滨河新区核心区城市设计》: 2010

[62] 济南市规划设计研究院 .《"十二五"济南市城市综合体规划》: 2010

[63] 美国卡尔索普事务所，济南市规划设计研究院 .《济南新东站地区 TOD 规划》: 2014

[64] 济南市规划设计研究院 .《济南新东站——华山周边区域规划研究》: 2013

后　记

"城市不是一个树状结构"，而是一个网络，一个具有生态智慧的"有机体"。如何通过"协作"、"高效"，"生态"、"多样"的多元共生模式，塑造"紧凑"、"混合"的城市空间形态，沿网络化的交通系统有效布局公共服务中心，进而构建"多心"、"多元"、"紧凑"、"有机"的多中心网络体系⋯⋯是不少当代规划工作者一直密切关注的问题。近年来，王新文博士在梳理济南空间发展脉络和研究城市发展一般规律等方面开展了大量工作，提出"网络共生"等基本观点，几易其稿，确立了本书的整体框架。

本书的编撰是一项复杂的写作工程，济南规划系统同事们及国内外规划同行为其贡献了力量。崔延涛同志为搭建框架和梳理核心章节内容做了大量工作，陈楠、袁兆华、尉群同志主要承担了文献梳理和整理工作。北京林业大学李翅教授、山东建筑大学阎整教授、崔东旭教授一直关注本书并提出了许多宝贵意见。本书选用的基础数据、图片部分来自十年间济南城市规划成果，并援引和参考了国内外众多专家学者及规划工作者已有研究成果。出版过程中中国建筑工业出版社的编辑为本书成稿付出了辛勤的劳动和帮助。在此一并致谢！

由于水平有限，本书可能存在诸多不足之处，欢迎大家批评指正、共同探讨。

丛书编委会